글 린다 베르톨라 · 그림 아그네세 바루치

# 놀면서 즐겁게 배우는 수학?
# 할 수 있습니다. 반드시 해야 합니다!

아이들이 수학을 꾸준히 공부하려면, 어릴 때부터 즐겁게, 그리고 쉽게 배워야 합니다. 즐거움은 학습의 강력한 동기가 되며, 높은 성취감을 심어 주기 때문입니다. 하지만 막상 수학을 어떻게 재미있게 가르쳐야 할지 엄두가 나지 않지요. 그런 고민이 있는 부모님들을 위해, 즐겁게 수학을 배울 수 있는, 미치도록 재미있는 수학 교재 〈수빠맨〉을 준비했습니다.

수학에 빠진 전 세계 아이들이 맨 처음 선택한 기초 교재, 〈수빠맨〉은 재미있고 흥미진진한 이야기를 초등 수학의 네 가지 학습 영역으로 구성하여, 다채로운 수학 문제 풀이 활동을 할 수 있도록 했습니다. 여러 가지 수학 놀이 활동을 하는 동안, 초등 수학 전 과정에 걸쳐 핵심 개념을 습득할 수 있습니다.

이 책은 단원마다 짧은 이야기에서부터 시작합니다. 기발하면서도 재미난 상상이 가득한 이야기를 읽고 이야기와 긴밀하게 이어져 있는 수학 문제를 풀어 나가면서 수학 독해력을 기르는 훈련을 하게 되지요. 더 나아가 생활과 수학이 밀접하게 연관되어 있다는 것을 체득하며 수학에 대한 호기심과 흥미가 자연스럽게 생길 것입니다.

〈수빠맨〉은 수학 개념을 무작정 외우는 대신, 아이들 스스로 수학 개념을 익힐 수 있도록 설계했습니다. 책에 있는 여러 수학 활동들을 아이들 '스스로' 할 수 있도록 도와주세요. 스스로 문제를 해결해 가면서 수학에 대한 자신감을 기를 수 있을 테니까요.

• **기다려 주세요!**

  아이가 문제를 풀 때까지 시간이 오래 걸릴 수 있습니다. 또 책을 다 풀지 않고 중간에 덮어 버리거나, 어떤 문제는 건너뛸 수도 있습니다. 그것만으로 수학을 포기했다고 단정하지 마세요. 그저 아이를 믿고 기다려 주세요.

• **답을 알려 주는 대신, 질문을 하세요!**

  아이들이 어떻게 풀어야 하는지, 답이 무엇인지 모르겠다고 했을 때 바로 답을 알려 주지 마세요. 대신 질문을 통해 아이들을 정답으로 유도해 주세요. 문제를 다시 잘 읽어 보도록 독려하거나, 막힌 부분이 무엇인지 물어보고 아이 스스로 답을 찾아 나갈 수 있도록 도와주세요.

• **수학 문제 해결의 첫 단계는 이해라는 점을 잊지 마세요!**

  수학 공부를 막 접하는 초등 저학년일수록 문제만 읽고 무턱대고 계산하거나 문제 푸는 공식만 외지 않도록 주의해야 합니다. 대신 한 문제를 풀더라도 아이가 문제를 제대로 이해할 수 있도록 시간을 충분히 주세요. 또한 아이들이 수학 문제의 답을 잘 맞히는 것보다, 문제를 어떻게 풀었는지 설명하는 것을 습관화할 수 있게 도와주세요. 어떤 풀이 과정을 거쳐 답을 구했는지 아는 것이 가장 중요합니다.

• **생활에서 수학을 찾아보세요!**

  아이들이 생활 속에서 수를 발견하도록 도와주세요. 여러 활동을 하는 동안 수학이 언제, 어떻게 쓰이는지 물어보고 이야기해 주세요. 이 책을 읽고 난 뒤에는 생활에서 수학이 어떻게 적용되고 실현되는지 아이와 함께 찾아보세요.

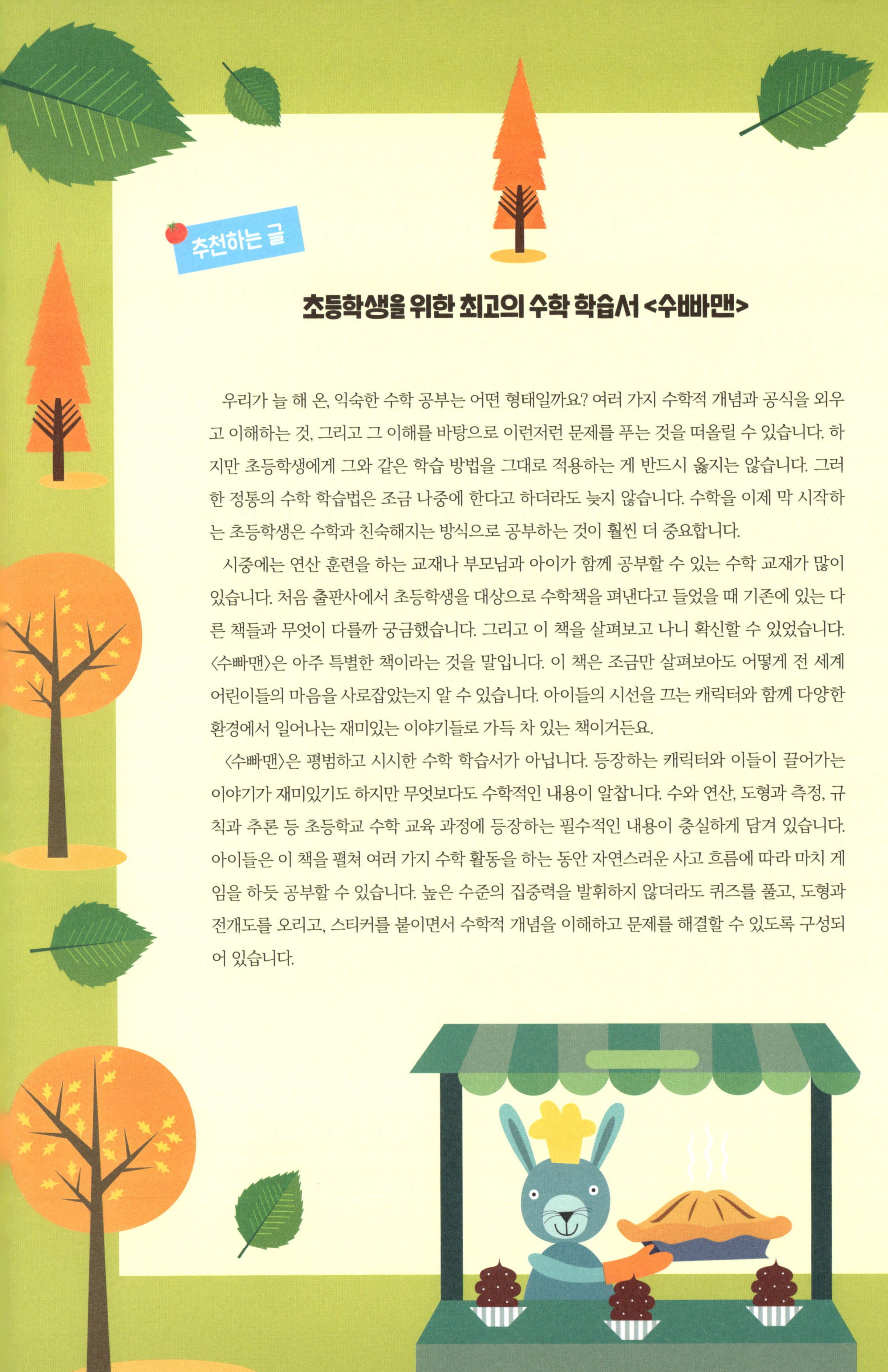



# 초등학생을 위한 최고의 수학 학습서 <수빠맨>

　우리가 늘 해 온, 익숙한 수학 공부는 어떤 형태일까요? 여러 가지 수학적 개념과 공식을 외우고 이해하는 것, 그리고 그 이해를 바탕으로 이런저런 문제를 푸는 것을 떠올릴 수 있습니다. 하지만 초등학생에게 그와 같은 학습 방법을 그대로 적용하는 게 반드시 옳지는 않습니다. 그러한 정통의 수학 학습법은 조금 나중에 한다고 하더라도 늦지 않습니다. 수학을 이제 막 시작하는 초등학생은 수학과 친숙해지는 방식으로 공부하는 것이 훨씬 더 중요합니다.

　시중에는 연산 훈련을 하는 교재나 부모님과 아이가 함께 공부할 수 있는 수학 교재가 많이 있습니다. 처음 출판사에서 초등학생을 대상으로 수학책을 펴낸다고 들었을 때 기존에 있는 다른 책들과 무엇이 다를까 궁금했습니다. 그리고 이 책을 살펴보고 나니 확신할 수 있었습니다. <수빠맨>은 아주 특별한 책이라는 것을 말입니다. 이 책은 조금만 살펴보아도 어떻게 전 세계 어린이들의 마음을 사로잡았는지 알 수 있습니다. 아이들의 시선을 끄는 캐릭터와 함께 다양한 환경에서 일어나는 재미있는 이야기들로 가득 차 있는 책이거든요.

　<수빠맨>은 평범하고 시시한 수학 학습서가 아닙니다. 등장하는 캐릭터와 이들이 끌어가는 이야기가 재미있기도 하지만 무엇보다도 수학적인 내용이 알찹니다. 수와 연산, 도형과 측정, 규칙과 추론 등 초등학교 수학 교육 과정에 등장하는 필수적인 내용이 충실하게 담겨 있습니다. 아이들은 이 책을 펼쳐 여러 가지 수학 활동을 하는 동안 자연스러운 사고 흐름에 따라 마치 게임을 하듯 공부할 수 있습니다. 높은 수준의 집중력을 발휘하지 않더라도 퀴즈를 풀고, 도형과 전개도를 오리고, 스티커를 붙이면서 수학적 개념을 이해하고 문제를 해결할 수 있도록 구성되어 있습니다.

이 책은 단원마다 짧은 이야기에서부터 시작합니다. 기발하면서도 재미난 상상이 가득한 이야기를 읽고 이야기와 긴밀하게 이어진 수학 문제를 풀어 나가면서 수학 독해력을 기르는 훈련을 할 수 있습니다. 여러 가지 이야기들을 통해 수학이 생활과 밀접하게 연관되어 있다는 것을 체득하며 수학에 호기심과 흥미가 자연스럽게 생길 수 있도록 돕습니다.

초등학교 때에는 수학을 꼭 남들보다 더 잘할 필요는 없습니다. 수학과 친해지고 수학에 대한 자신감을 가지는 것이 수학 문제를 잘 푸는 것보다 더 중요합니다. 학습 진도를 정규 과정보다 많이 앞서 나가지 않아도 됩니다. 호기심과 집중력을 가지고 공부하기만 하면 수학은 아주 재미있는 공부라는 것, 열심히 하면 나도 수학을 잘할 수 있다는 것을 느끼게 해 주면 됩니다. 수학에 흥미와 자신감이 있으면 때때로 너무 어려운 문제가 나오더라도 쉽게 포기하지 않고 문제를 스스로 해결하기 위해 부딪히고 애쓸 힘이 생깁니다.

그런 의미에서 〈수빠맨〉은 초등학생들을 위한 최고의 수학 학습서 중 하나라고 확신합니다. 아이 스스로, 또는 부모와 함께 〈수빠맨〉으로 재미있게 수학 공부를 하다 보면 저절로 수학과 친해질 것입니다.

**송용진**
(수학자, 인하대학교 명예 교수)

한국을 대표하는 위상수학자입니다. 서울대학교 수학과를 졸업하고 미국 오하이오주립대에서 박사학위를 받았습니다. 오랫동안 영재교육과 수학올림피아드에 대한 일을 해 왔으며 지금은 국제수학올림피아드 선출직 위원(IMO BOARD MEMBER)으로 활동하고 있습니다. 쓴 책으로 《수학은 우주로 흐른다》, 《영재의 법칙》, 《수학자가 들려주는 진짜 논리 이야기》 등이 있습니다.

10+22
12+8
17+15
17+3
45-20
20+14
22+12
40-12
35-15

# 덧셈과 뺄셈 심화

수의 순서를 알고 수의 크기를 비교하면서
100까지 수를 알아봐요.
나아가 세 수의 덧셈, 세 수의 뺄셈을 하면서
복잡한 덧셈식과 뺄셈식을 익혀요.
이 책에서 묶어 세기 활동을 하는 동안,
곱셈과 나눗셈의 원리를 이해할 수 있습니다.

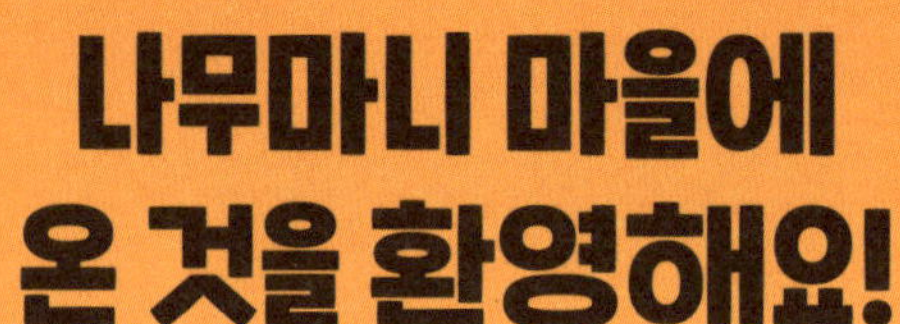

반가워요, 여러분!

오늘 여러분이 방문할 곳은 깊은 산속에 위치해서 한겨울이면 해도 잘 들지 않는 나무마니 마을이에요. 울창한 숲에 가려진 이 작은 마을에도 있을 건 다 있답니다. 나무로 만든 오두막집이라는 걸 빼면, 학교도 있고, 맛있는 빵집, 이것저것 다 파는 잡화점, 심지어 고급스러운 호텔까지도 있지요!

나무마니 마을에는 다양한 동물들이 살고 있어요. 개미, 달팽이, 다람쥐, 고슴도치, 딱따구리, 토끼 등 여러 동물이 모두 함께 일하며 살고 있어요. 평화로워 보이기만 한 이 마을에서는 때로 깜짝 놀랄 만한 일들이 일어나곤 합니다.

어제도 사건이 하나 터졌습니다. 하늘의 구름이 예쁜 날이었죠. 구름을 보던 도치는 급하게 달려오는 토토 씨를 보지 못했어요. 도치의 가시에 찔린 토토 씨는 꽥 비명을 질렀고, 낮잠을 자던 찍찍이가 놀라서 깨어 버리고 말았습니다. 다행히 붕붕이가 꿀벌들이 만든 꿀약으로 토토 씨를 치료해 주어서 숲은 다시 평화를 되찾았어요.

여러분도 나무마니 마을에서 일어나는 일들이 궁금하지 않나요?

나무마니 마을에서는 어느 곳을 가도 재밌는 사건을 마주할 수 있을 거예요. 덤불 아래에서도 모험이 시작되곤 하니까요. 우리도 귀여운 동물들과 나무마니 마을을 함께 여행해 봐요.

## 나무마니 마을의 안내자

안녕, 나는 여러분과 함께 나무마니 마을을 여행할 뿌엉이에요. 나는 숲속에 어떤 나무가 어디서 자라고 있는지, 또 그 나무에서 떨어진 열매들이 어디에 있는지 다 알고 있어요. 나만 따라오면 무사히 모험을 마칠 수 있을 거예요.
그나저나 여행을 가려면 단단히 채비해야겠죠?
1부터 16까지 수의 순서대로 점을 이어 주세요. 그리고 멋지게 색칠해 주세요.
다 됐다면, 이제 출발해 볼까요?

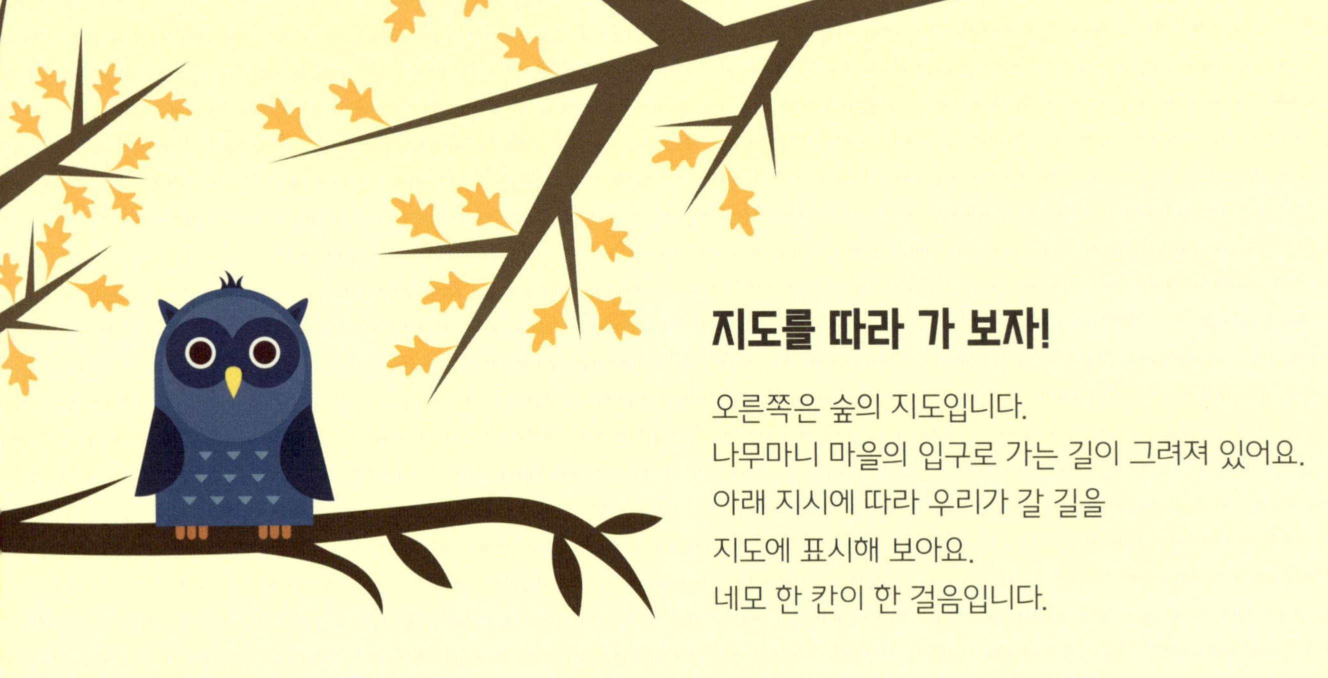

# 지도를 따라 가 보자!

오른쪽은 숲의 지도입니다.
나무마니 마을의 입구로 가는 길이 그려져 있어요.
아래 지시에 따라 우리가 갈 길을
지도에 표시해 보아요.
네모 한 칸이 한 걸음입니다.

**지시**

출발 지점에서 아래쪽으로 세 걸음 갑니다. 오래된 소나무 위에서 멈추게 될 거예요.

여기서 오른쪽으로 두 걸음 갑니다. 그럼 연못이 나와요. 빠지지 않게 조심해요!

위로 다섯 걸음 갑니다. 블루베리 덤불에 옷이 걸렸네요.

바로 오른쪽으로 두 걸음 갑니다.

지쳐 있을 시간이 없어요. 빨리 위쪽으로 두 걸음 갑니다.

그다음에 오른쪽으로 두 걸음 갑니다.

그리고 바로 아래쪽으로 열 걸음 가면, 드디어 소나무 숲 탈출!

여기서 오른쪽으로 한 걸음만 더 가면 나무마니 마을의 입구가 나올 겁니다.

출발
나무마니 마을에
온 것을 환영합니다.

# 수를 세어 봐!

드디어 나무마니 마을에 도착했어요. 어때요? 참 아름답지요!
마을에 있는 꽃, 집, 나무, 버섯, 새에 숫자가 하나씩 숨어 있습니다.
0부터 9까지의 수를 찾아서 〇를 해 보세요.

수를 다 찾았나요?
나무마니 마을의 꽃, 집, 나무, 버섯, 새들의 수를 아는 건 마을 탐사의 기본입니다.
그림과 같은 꽃, 집, 나무, 버섯, 새들의 수를 세어서
그 수만큼 ◯를 색칠하고, ☐ 안에 수를 써넣으세요.

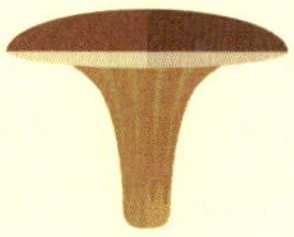

# 수를 읽어 봐!

나무마니 마을에는 갖가지 나무와 열매들이 있답니다.
열매에는 수가 쓰여 있고, 잎에는 그 수를 읽는 방법이 쓰여 있어요.
각 열매에 알맞은 잎을 찾아
선으로 이어 보세요.

달팽이 자매가 열매를 모으는 걸 도와 달래요.
달팽이 자매가 무슨 열매를 모아야 하는지 알려 줄 거예요.
달팽이의 말을 듣고 열매를 알맞게 색칠해 주세요.

(1) 가장 많은 열매를 모은 달팽이에게
○를 해 보세요.

(2) 초록색 열매는
모두 몇 개 모았나요?

개

(3) 노란색이 아닌 열매는
모두 몇 개 모았나요?

개

(4) 달팽이 자매들이 모은 열매는
모두 몇 개인가요?

개

# 수업 시간

나무마니 마을에서는 8시가 되면 어김없이 종이 울려요. 학교 갈 시간이 되었다는 것을 알리는 종소리예요.

우리 마을에는 아주 지혜로운 선생님이 있어요. 소리오 선생님이랍니다.
소리오 선생님은 꼬마 동물들에게 많은 것을 가르쳐 줘요.
꼬마 동물들은 학교에서 매일 나무마니 마을에 대해 여러 가지를 배운답니다.
어떤 버섯을 먹을 수 있고, 어떤 버섯을 먹을 수 없는지,
달콤한 블루베리는 어디에서 많이 자라는지,
왜 어떤 날의 노을은 붉은빛이고, 어떤 날의 노을은 노란빛인지,
이런 것들을 말이에요.
소리오 선생님은 엄청나게 실력이 좋아서, 저기 지나가는 토끼에게 수영을 가르칠 수도 있어요.

소리오 선생님은 수학 수업을 매우 중요하게 생각해요. 나무마니 마을에서 살아가는 데 수학이 꼭 필요하거든요. 얼마나 중요하냐면요.
다람쥐는 몇 주 뒤가 겨울인지를 알아야 식량을 모을 수 있고, 딱따구리는 원의 넓이를 구할 수 있어야 집을 만들 수 있고, 비버는 길이를 재고 계산할 수 있어야 댐을 지을 수 있답니다.
지금 아마 수학 시간인 것 같은데, 함께 가 볼까요?

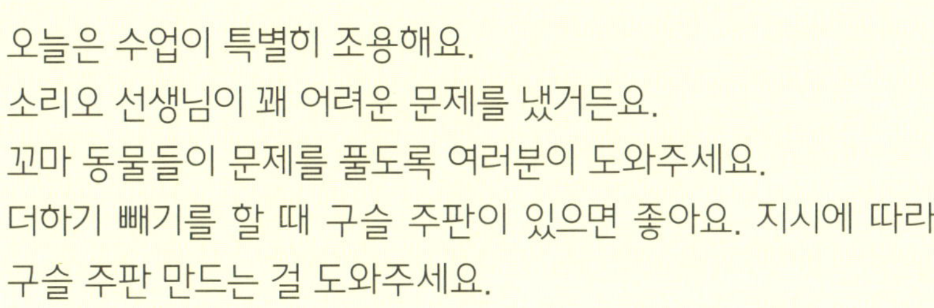

오늘은 수업이 특별히 조용해요.
소리오 선생님이 꽤 어려운 문제를 냈거든요.
꼬마 동물들이 문제를 풀도록 여러분이 도와주세요.
더하기 빼기를 할 때 구슬 주판이 있으면 좋아요. 지시에 따라
구슬 주판 만드는 걸 도와주세요.

## 준비물

- 두꺼운 종이판
- 구멍 뚫린 구슬이나 단추 10개
- 굵은 실
- 스카치 테이프
- 가위

1) 두꺼운 종이판을 가로 15cm, 세
   로 5cm 크기로 자르세요.

2) 종이판 양 끝에 1.5cm 정도를 남
   기고 구멍을 뚫으세요.

3) 실을 한쪽 구멍에 끼우고 종이판
   뒷면에서 테이프로 실을 고정하
   세요.

4) 구슬 10개를 실에 끼웁니다.

5) 실의 다른 끝을 나머지 구멍에 끼
   워서 마찬가지로 고정시킵니다.

6) 실을 따라 구슬을 움직여서 더하
   기와 빼기를 할 때 써 보세요.

## 더하고, 더하고!

여러분이 만든 구슬 주판을 이용해서 덧셈을 해 보세요.

| | | |
|---|---|---|
| 3+4= | 4+5= | 1+2+3= |
| 9+1= | 0+6= | 5+3+2= |
| 5+3= | 4+4= | 1+4+3= |
| 2+2= | 1+4= | 8+1+1= |

다 풀었나요? 그럼 이제 좀 더 복잡한 문제예요.
덧셈식을 완성한 다음에 같은 값이 나오는 것끼리 선으로 이어 보세요.

오호, 이 문제까지 풀면 정말 소리오 선생님의 수업을
들을 준비가 다 된 거예요!
화살표를 따라가며 수를 더하면 마지막엔 어떤 수가 나올까요?
나뭇잎과 버섯의 빈칸에 각각 수를 써넣으세요.

## 10을 만들자!

이런, 꼬마 친구들이 교실을 엉망으로 쓰고 있네요.
소리오 선생님을 도와 교실을 정리해 봐요.
먼저 꼬마 친구들이 마구 섞어 둔 책과 책가방을 정리해야 해요.
두 수를 더해서 10이 되는 책과 책가방을 짝지어 주세요.

색연필도 좀 정리해야겠어요.
한 통에 색연필 10개가 들어가야 합니다.
아래 통 안에 색연필을 몇 개 더 넣어야 할까요?
부족한 색연필을 그려 넣고, ☐ 안에 알맞은 수를
써넣어 식을 완성해 주세요.

$$7 + \boxed{\phantom{0}} = 10$$

$$9 + \boxed{\phantom{0}} = 10$$

$$3 + 4 + \boxed{\phantom{0}} = 10$$

$$5 + 1 + \boxed{\phantom{0}} = 10$$

# 어떤 수가 더 크고, 어떤 수가 더 작을까?

이제 곧 학교에서 축제가 열린대요.
깃발 장식을 멋지게 달 거예요. 그렇지만 장식치곤 좀 허전하네요.
세 줄로 걸린 장식마다 가장 큰 수는 빨간색,
가장 작은 수는 초록색으로 색칠해 주세요.

사과, 연필, 압정, 구슬, 책… 정리할 게 산더미예요!
그릇마다 마구 넣어 버린 바람에 몇 개가 있는지
알 수 없게 됐어요.
물건의 개수를 세어 그릇에 수를 써 주세요.
그리고 지시에 따라 색칠해 주세요.

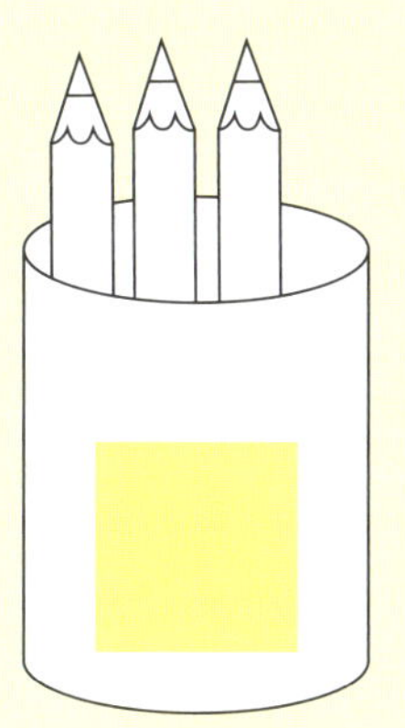
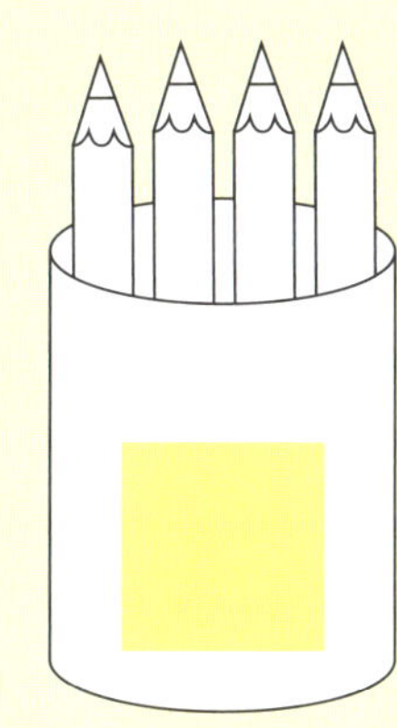

사과가 더 적은 바구니에
색칠해 주세요.

연필이 더 적은 통에
색칠해 주세요.

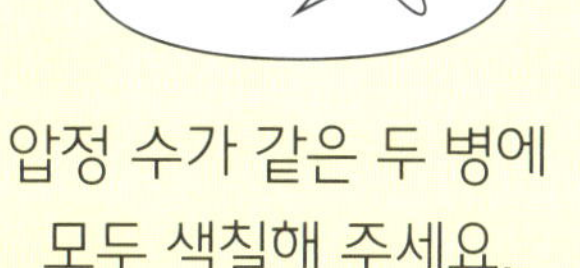

압정 수가 같은 두 병에
모두 색칠해 주세요.

구슬이 더 많은 자루에
색칠해 주세요.

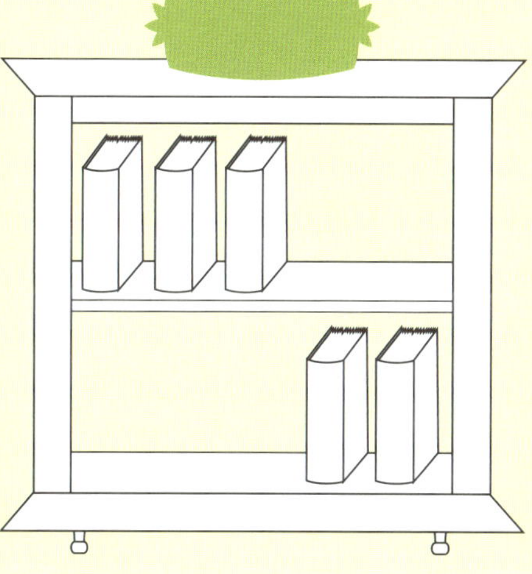

책이 더 많은 책꽂이에
색칠해 주세요.

# 토토네 빵집

음~ 달콤한 냄새.

이 냄새는 분명히 토토네 빵집에서 나는 사과 파이 냄새예요.

토토네 빵집은 나무마니 마을에서 제일가는 빵집이랍니다.

토토네 빵집의 빵을 먹기 위해서 아침부터 수많은 동물 친구들이 찾아오곤 해요. 지나가던 철새들도 타르트를 먹기 위해 토토네 빵집에 들를 정도래요. 빵집 문을 들어서면 토토 아저씨가 항상 맛있는 빵을 굽고 계시죠.

이 토토네 빵집으로 말할 것 같으면, 토토 아저씨의 아버지의 아버지의 아버지의 아버지의 할아버지 때 시작했다고 해요. 토토네 빵집의 끝내주는 빵 맛은 바로 옛날부터 내려온 요리책 '초특급 요리 비결!' 덕분이에요. 토토 아저씨는 이 '초특급 요리 비결!'을 아주 소중하게 여기지요.

여태까지 수많은 동물들이 이 요리책에 쓰인 비법을 알아내려고 했지만, 그럴 수 없었어요. 이 요리책은 암호로 되어 있어서 알아볼 수가 없거든요.

하지만 이 뿌엉은 초특급 요리 비결 한 가지는 알고 있다고요! 예전에 토토 아저씨가 산삼 머핀을 만들 때 산삼을 찾아 준 대가로 받은 거랍니다. 그렇지만 아직 이 '초특급 요리 비결!'의 암호를 풀지는 못했지 뭐예요. 나를 좀 도와줘요.

크기가 작은 수부터 순서대로 윗줄에 써넣으세요.
그 아래에 숫자에 해당하는 글자를 쓰고, 어떤 요리인지 알아보세요.

| 38 | 4 | 19 | 14 | 16 | 35 | 41 |
|----|----|----|----|----|----|----|
| 파 | 고 | 호 | 소 | 한 | 두 | 이 |

와, 바로 고소한 호두 파이의 비결이었군요.
역시 토토 아저씨! 내가 호두 파이를 제일 좋아하는 걸 알고 있었어요.
호두 파이를 굽기 위해서는 암호를 또 풀어야 해요.
왼쪽 식을 계산하고 화살표를 따라가면 재료가 얼마나 필요한지 알 수 있어요.
☐ 안에 계산식의 결과를 알맞게 써넣으세요.

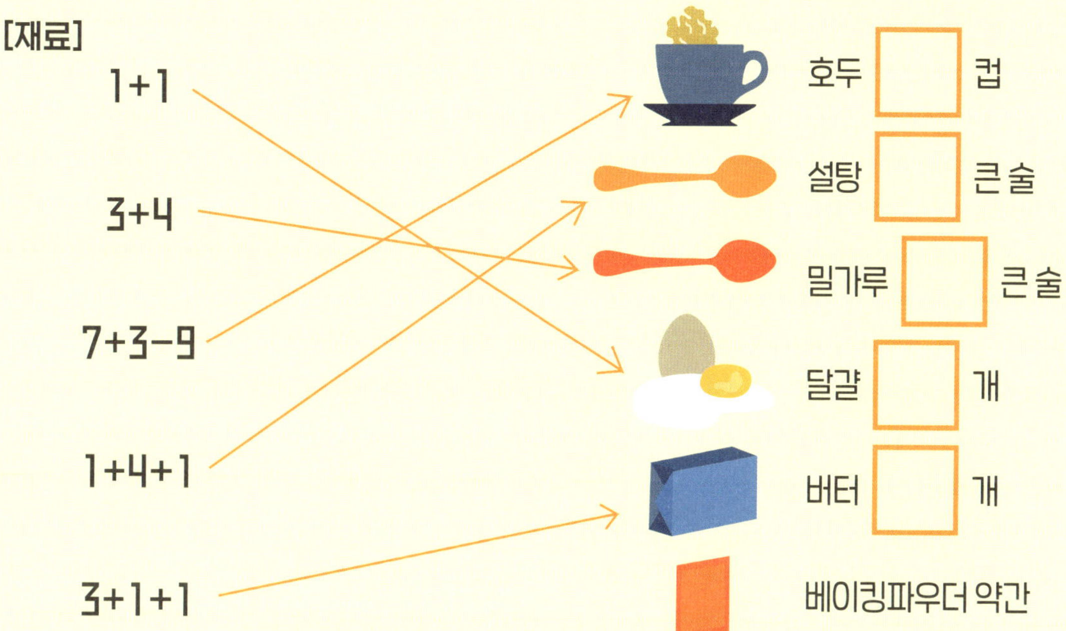


재료를 모두 모았으니, 이제 초특급 호두 파이를 먹을 수 있겠네요.
어서 만들어 봐요.

## [만드는 법]

1. 달걀의 노른자와 흰자를 분리해서 각각 다른 그릇에 넣어 주세요.
2. 노른자에 설탕과 녹인 버터를 넣고 저어 주세요.
3. 밀가루와 베이킹파우더에 설탕과 버터를 넣은 노른자를 섞어서 반죽을 만듭니다.
4. 다른 그릇에 흰자가 뻑뻑해지도록 저어 주세요.
5. 호두를 으깨고, 흰자와 함께 반죽에 넣으세요.
6. 반죽을 틀에 붓고 170도 오븐에서 30분쯤 구워 주세요.

## 다람이의 생일잔치

오늘따라 토토네 빵집이 더 분주해 보여요.
다람이의 생일잔치를 위한 주문이 많이 들어왔대요.
그런데 토토 아저씨한테 문제가 생겼어요.
"나는 한 판에 10개씩, 과자 3판을 구웠어. 그런데 내가 크림을 만드는
동안 아기 토끼가 과자를 한 판에 4개씩 먹어 버렸지 뭐야.
그럼 과자는 모두 몇 개 남은 걸까?"

남은 과자: ☐ 개

아기 토끼가 먹어 버린 과자를 걱정할 시간이 없어요!
다람이가 타르트도 4개나 주문했거든요.
타르트 한 개를 만들려면 달걀 3개, 잼 1병, 밀가루 1봉지가 필요해요.
타르트 4개를 구우려면 달걀 몇 개와,
잼 몇 병과 밀가루 몇 자루가 필요할까요?
창고에 있는 재료들 중에서 필요한 재료는 무엇이고, 몇 개가 부족한지
아래에 적어 주세요.

# 고슴이의 구멍가게

나무마니 마을에서 가장 오래된 소나무 둥치에는 고슴이의 구멍가게가 있답니다.
이 아늑한 가게에는 나무마니 마을의 동물들이 필요로 하는 물건들이 다 있어요.

이제 쌀쌀해지는 게 겨울이 오려나 봐요. 그럼 고슴이도 겨울나기를 위한 물건들
을 들여놓겠군요. 고슴이는 아주 꼼꼼하고 정확해서, 물건이 아무리 많이 들어와
도 깔끔하게 진열해 놓기로 유명해요. 고슴이는 "가게엔 모든 물건을 위한 자리가
있고, 자리에 맞는 물건이 있다."고 말하곤 해요.

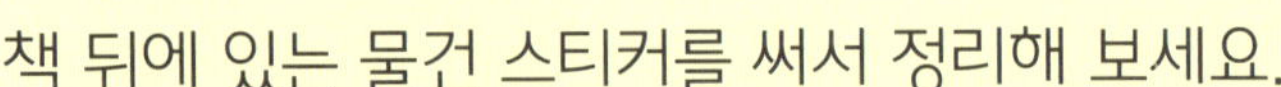

고슴이는 진열장에도 좌표를 사용해서 물건을 정리해요. 마치 컴퓨터처럼!
좌표는 문자와 숫자를 짝지어 사용해서 위치를 나타내요. 고슴이가 진열장에 물
건을 제대로 진열할 수 있도록 도와 달라고 하네요.
책 뒤에 있는 물건 스티커를 써서 정리해 보세요.

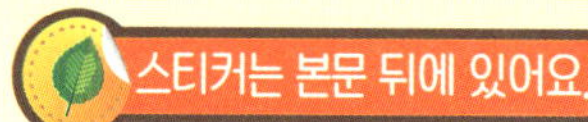

이런, 위치를 적어 둔 종이가 찢어졌어요. 아래 물건들의 위치를 좀 알려 주겠어요?

연필 ___________

화분 ___________

과자 ___________

29

스티커는 본문 뒤에 있어요.

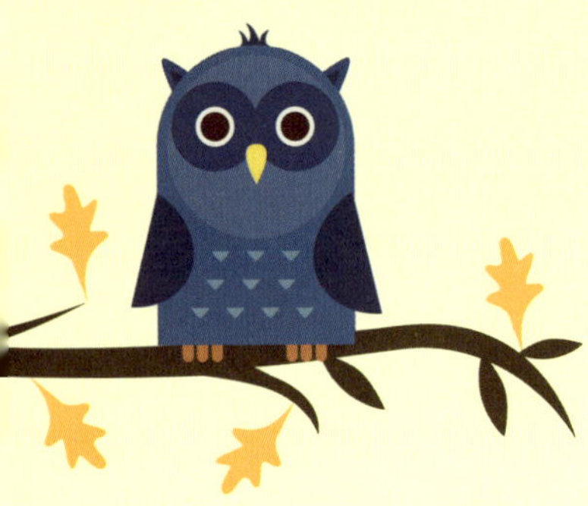

## 물건의 가격표를 찾아 줘!

바람이 많이 불어서 물건에 붙어 있던 가격표가 떨어졌어요.
고슴이가 물건을 잘 팔기 위해서는 가격표가 꼭 필요한데 말이에요.
오른쪽에 있는 힌트와 덧셈식을 보고 원래 물건의 가격을 구해서
책 뒤에 있는 가격표 스티커를 붙여 주세요.

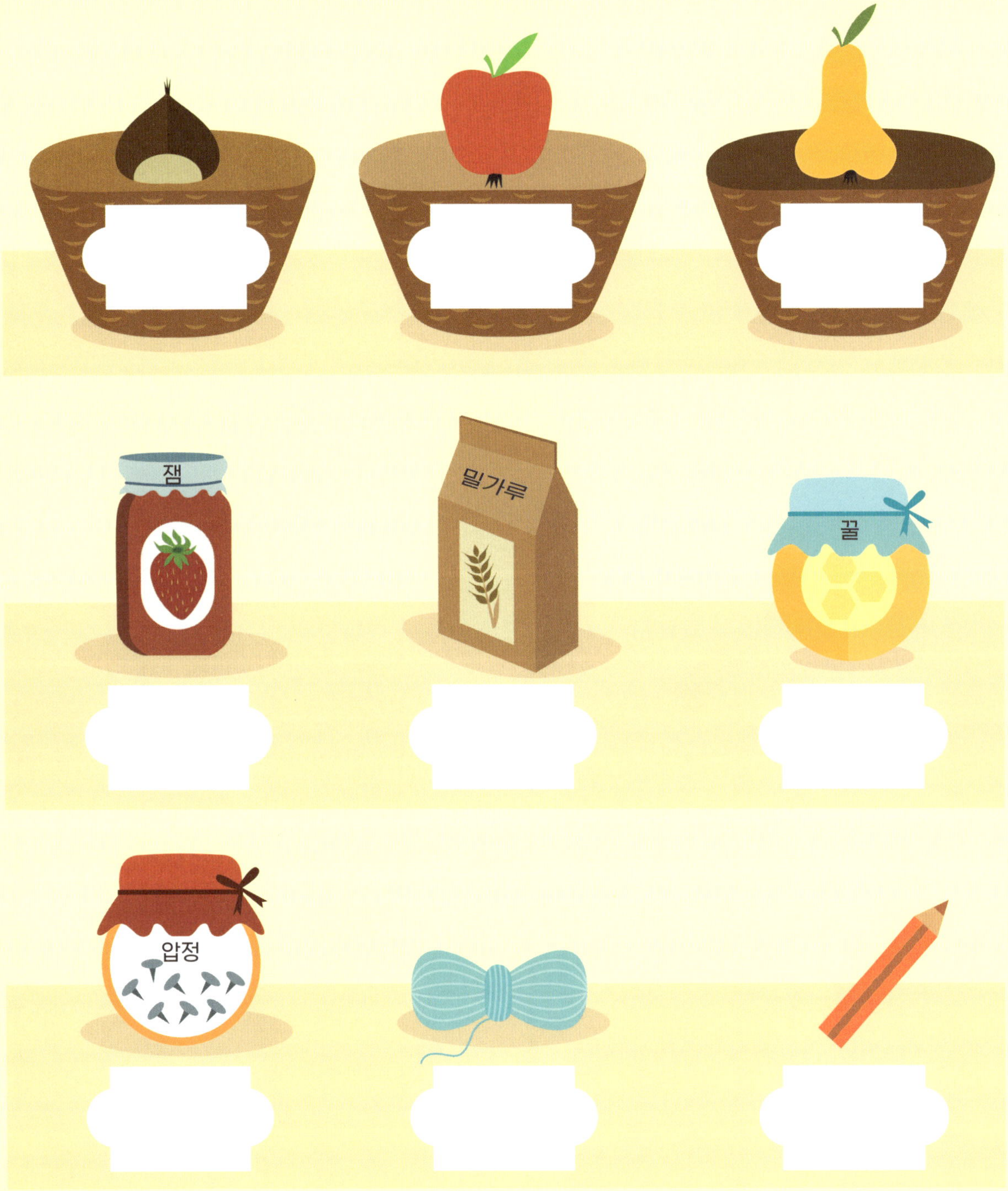


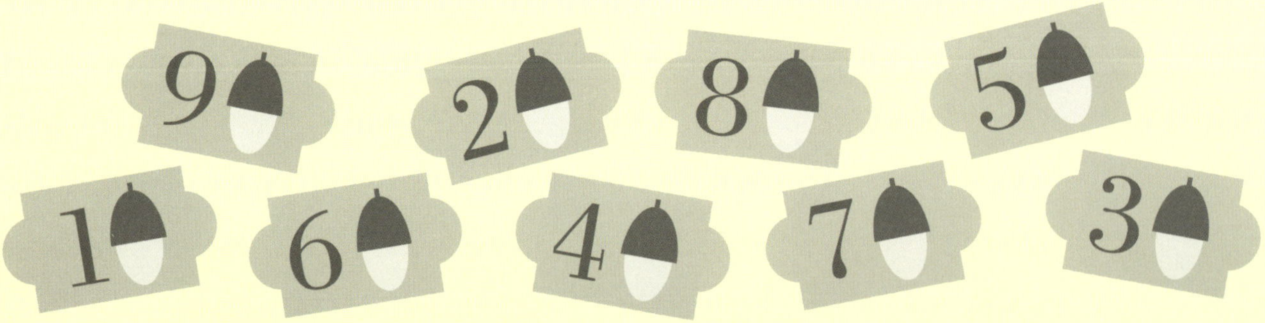

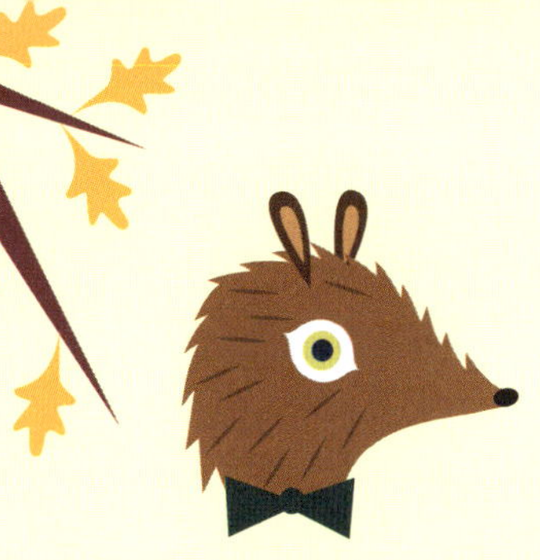

내가 써 둔 가격표의 힌트야.
각 그림은 물건의 가격을 나타낸단다.

√ 밤이 가장 쌉니다.

돈의 단위는 도토리야.
이건 도토리 3개와 같아.

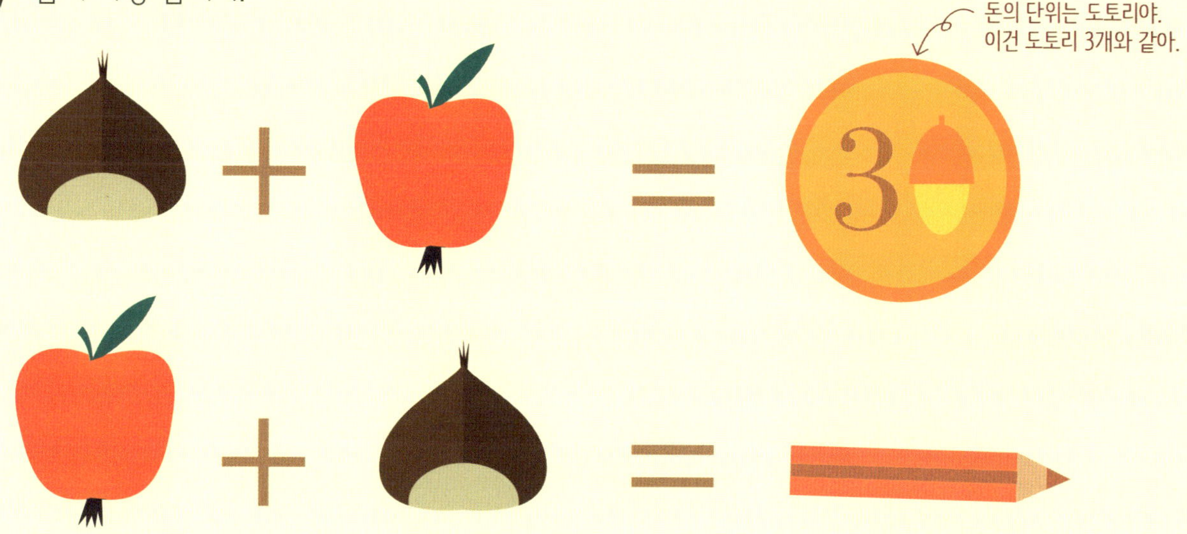

√ 꿀 1병은 연필 3자루의 값과 같습니다.

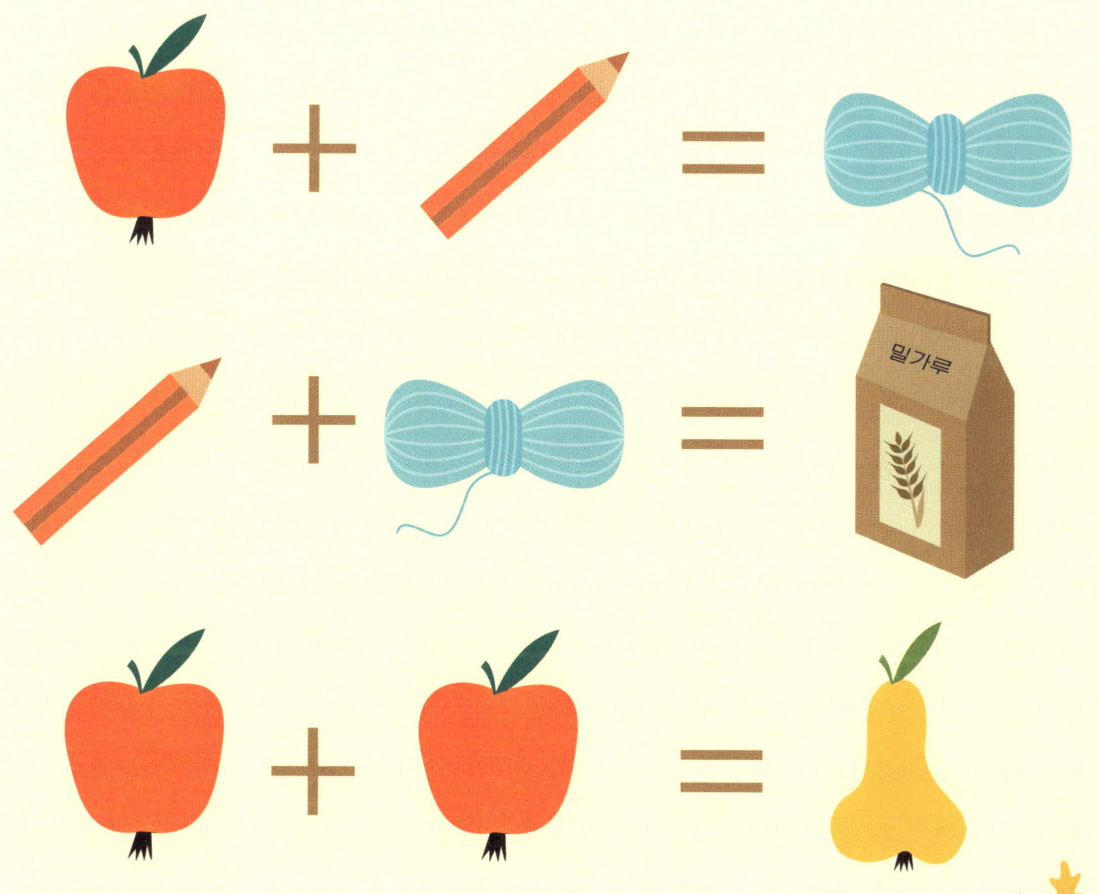

√ 압정 1병은 잼 1병보다 비싸고, 꿀 1병보다 쌉니다.

# 모두 얼마일까?

겨울나기를 준비하는 동물들이 정말 많네요. 고슴이네 가게는 눈코 뜰 새 없이 바빠요.
가끔 가게에 직접 오지 못하는 동물들은 쪽지로 주문하기도 하지요.
고슴이가 아래와 같이 쪽지에 적힌 주문대로 물건들을 다 준비해 놨어요.
30쪽에서 구한 가격표를 참고하고 가격을 계산해서 빈칸에 써 주세요.

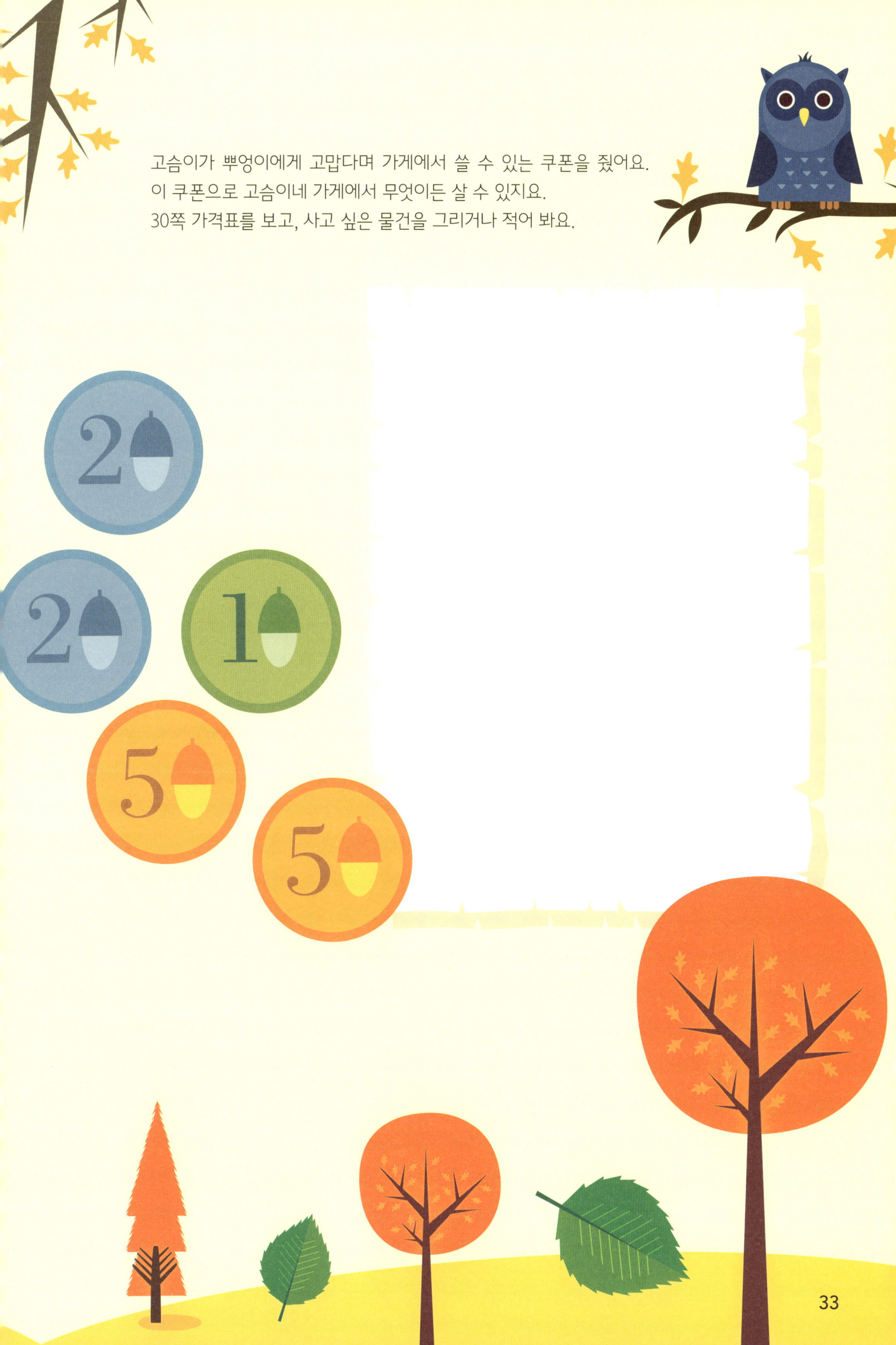

고슴이가 뿌엉이에게 고맙다며 가게에서 쓸 수 있는 쿠폰을 줬어요.
이 쿠폰으로 고슴이네 가게에서 무엇이든 살 수 있지요.
30쪽 가격표를 보고, 사고 싶은 물건을 그리거나 적어 봐요.

# 질문에 답해 줘!

이런, 문을 닫을 시간인데도 아직 기다리는 손님들이 많네요.
30쪽에서 구한 가격표를 참고해서 꼬마 동물 손님들이 하는 질문에 답변해 주세요.

(1) 사과, 연필, 밤을 사려면 얼마나 필요해?

———————

(2) 아래는 내가 가진 돈이야.
사과, 연필, 밤을 사면 얼마나 남을까?

———————

(3) 나는 꿀이 필요해!
아래 내가 가진 돈이면 꿀을 몇 병이나 살 수 있어?

———————

(4) 여유가 되면 잼도 사고 싶은데… 돈이 남을까?

———————

오리기 활동지는 본문 뒤에 있어요.

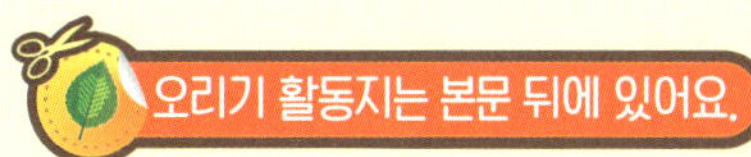

다음은 고슴이가 선물로 준 쿠폰과 가격표예요. 쿠폰과 가격표를 오려서 친구와 함께 가게 놀이를 해 보세요. 물건의 가격도 정하고 거스름돈도 계산해 보세요. 책 뒤에 있는 도토리 쿠폰도 활용하세요.

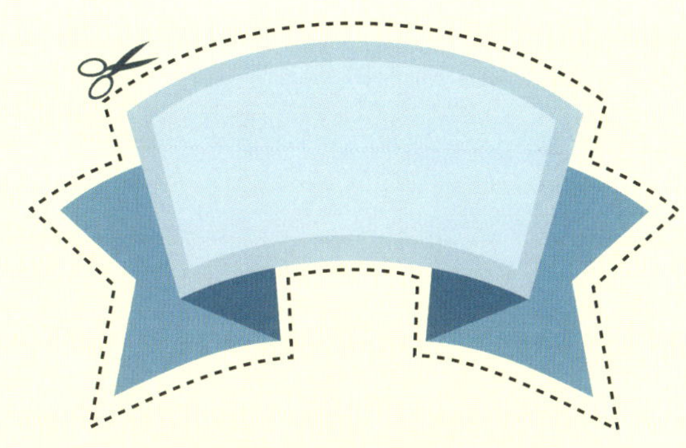

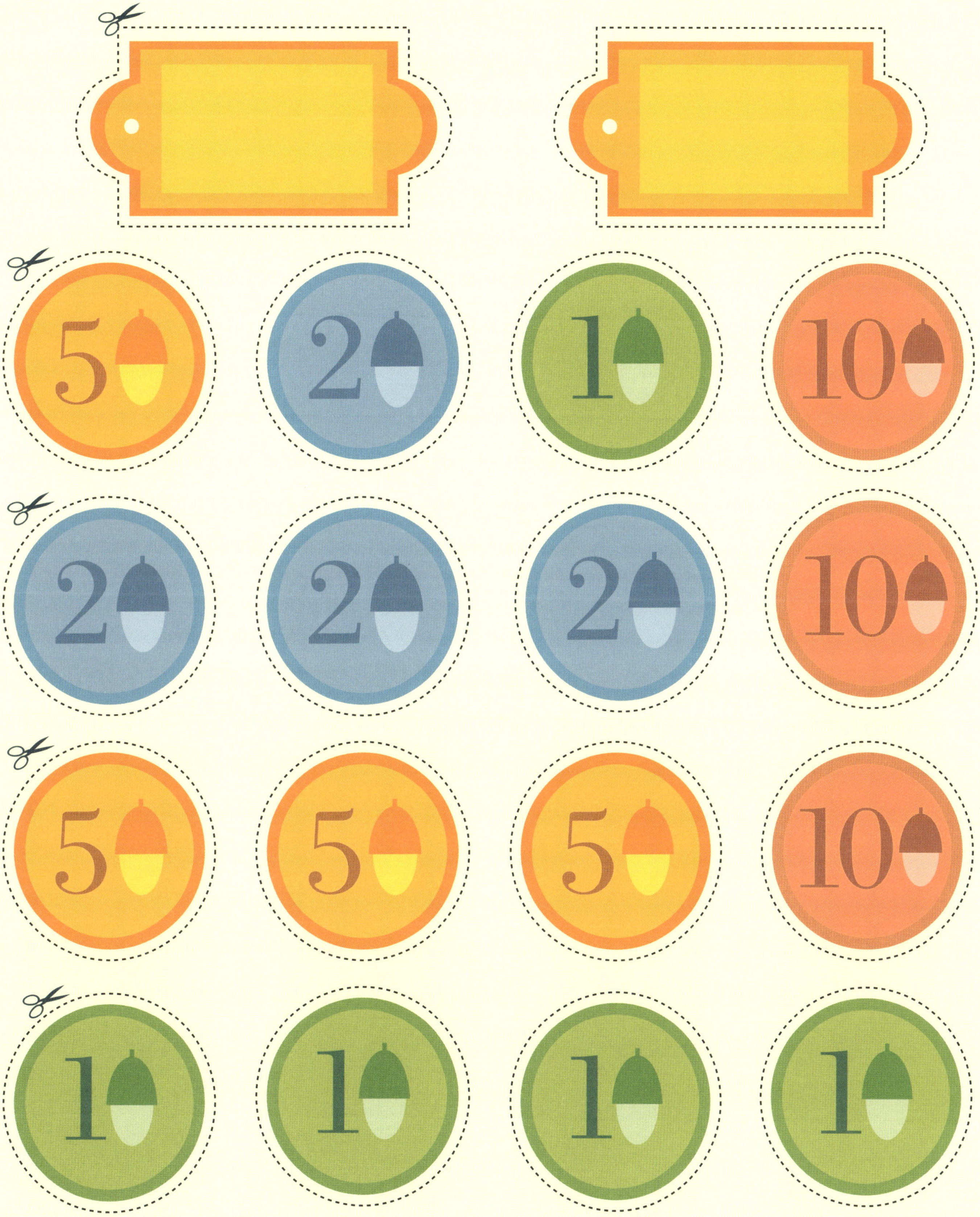

# 덧셈식에서 모르는 수를 구해 봐!

휴, 잠시도 쉴 틈이 없네요. 이제 내일 장사를 위해
새로 들어온 물건들을 진열해야 한답니다.
물품들을 진열대에 놓기 전 가격을 정해야 하는데,
얼마가 좋을까요?
아래 덧셈식을 보고 가격을 구해 보세요.

각 물건들의 가격을 구했나요?
그럼 이제 아래 빈칸에 가격을 써 보세요.

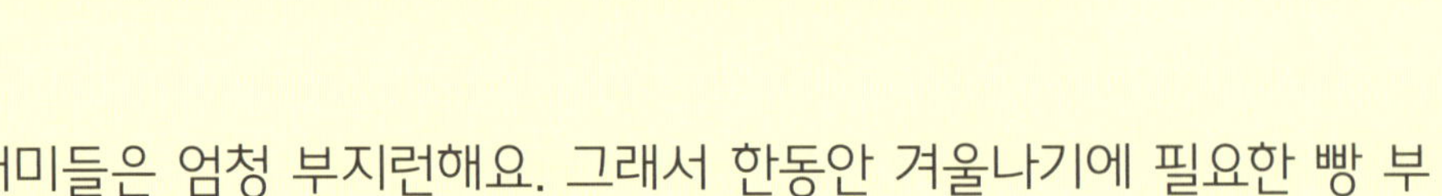

알다시피 개미들은 엄청 부지런해요. 그래서 한동안 겨울나기에 필요한 빵 부스러기와 곡식 낟알을 모으느라 바빴지요.
그런데 오늘 아침 창고지기 개미인 안트가 물건들을 정리한 표를 잃어버렸어요. 그러는 바람에 식량을 얼마나 모았는지 알 수가 없었어요.

개미들이 하는 회의를 잠시 엿들어 볼까요?
"아, 이건 꿈일 거야!"
"안트, 그냥 처음부터 다시 시작해요."
안트를 안타깝게 보던 다른 개미가 말했어요.
"하지만 너무 많은걸? 안트가 아무리 숫자를 잘 세도, 이 많은 걸 혼자서 다 하기는 어려울 거야."
할아버지 개미가 말하자, 구석에 있던 꼬마 개미가 소리쳤어요.
"안트 아저씨, 식량을 10개씩 모아서 세어 보면 어때요? 10개씩 모아서 세면 쉽고 빠르게 셀 수 있을 거예요!"
모두 꼬마 개미를 놀랍다는 듯 쳐다봤어요.
"좋아, 우리 꼬마가 아주 멋진 생각을 했구나. 10까지는 쉽게 셀 수 있으니, 10개씩 모아 두면 빠르게 식량 개수를 다시 셀 수 있을 거야!"
곧 식량 창고 안에 있던 모든 식량은 10개의 묶음으로 정리됐고, 안트는 식량을 세기 시작했어요.
"10, 20, 30, 40…."

다 같이 하니 생각보다 금방 끝날 것 같아요.
다들 오늘은 따뜻한 집에서 편안하게 쉴 수 있겠네요!

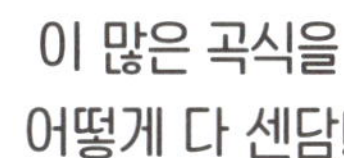

꼬마 개미의 말대로, 10개씩 줄을 세우면 많은 개수도 쉽게 셀 수 있지.
한 번에 10개씩 세면 되니까 말이야. 이렇게!
10, 20, 30, 40, 50, 60, 70, 80, 90, 100!
같이 읽어 보자.
십, 이십, 삼십, 사십, 오십, 육십, 칠십, 팔십, 구십, 백!

## 100까지의 수

아주 작은 낱알도 차례로 나열해 놓으면 쉽게 셀 수 있어요.
1부터 100까지의 수를 세어 보고, 빈칸에 알맞은 수를 써넣으세요.

개미집 창고 하나에는 낟알 50알을 보관해야 해요.
개미마다 창고별로 얼마나 낟알을 채웠는지 알아보세요.



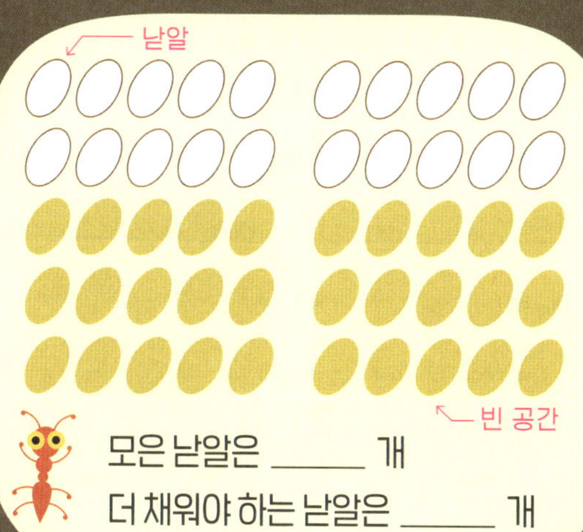

# 몇씩 몇 묶음일까?

나무마니 마을의 모든 동물들은 겨울을 대비해서 식량을 모아 두곤 하지요.
동물들이 모아 둔 식량의 개수를 세어 볼까요?

고슴이는 창고에 사과 상자 3개를 넣어 놓았어요.
상자 1개에 사과를 5개씩 담았다면 모두 몇 개의 사과를 모았나요?

_______ 개

개념 확인

5개씩 3묶음은 5×3=15로
계산할 수 있어요.

다람이는 바구니 4개를 만들었어요.
바구니 1개에 도토리를 6개씩 담았다면 모두 몇 개의 도토리를 모았을까요?

_______ 개

곰도리는 2개의 벽장을 꿀로 가득 채워 놓았어요.
벽장 1개에는 선반이 3개씩 있고, 1개의 선반에는 꿀단지를 5개씩 놓았습니다.
곰도리는 모두 몇 개의 꿀단지를 모았을까요?

_______ 개

토토 아저씨는 당근으로 채운 통을 5개 만들었어요.
1통에 당근을 4개씩 넣어 보관했답니다. 그런데 토토 아저씨의 아들이 첫 번째 통에서
당근 1개, 두 번째 통에서 당근 2개를 먹어 버렸어요.
그럼, 토토 아저씨의 당근은 몇 개가 남았을까요?

_______ 개

# 모두 몇 개인지 구해 줘!

어라, 쌍둥이 쥐 형제가 서로 다투고 있네요.
보나 마나 누가 더 많은 먹이를 모았는지로 싸움이 났을 거예요.
여러분이 가서 좀 도와줄래요? 개수만 잘 세면 돼요.

찍찍이는 산딸기를 한 바구니에 6개씩
담아서 바구니 2개를 채웠어요.

한 바구니 안에 든 산딸기의 수 : _____ 개

바구니의 수 : _____ 개

전체 산딸기의 수 : _____ 개

킥킥이는 산딸기를 한 바구니에 3개씩
담아서 바구니 3개를 채웠어요.

한 바구니 안에 든 산딸기의 수 : _____ 개

바구니의 수 : _____ 개

전체 산딸기의 수 : _____ 개

찍찍이는 자두를 한 자루에 2개씩 담아서
5자루를 채웠어요.

한 자루 안에 든 자두의 수 : _____ 개

자루의 수 : _____ 개

전체 자두의 수 : _____ 개

킥킥이는 자두를 한 바구니에 7개씩
담아서 바구니 2개를 채웠어요.

한 바구니 안에 든 자두의 수 : _____ 개

바구니의 수 : _____ 개

전체 자두의 수 : _____ 개

찍찍이는 한 송이에 2알씩 달린
앵두 10송이를 땄어요.

앵두 한 송이에는 몇 알씩 있나요? : ＿＿ 알
앵두는 몇 송이인가요? : ＿＿ 송이
앵두는 모두 몇 알인가요? : ＿＿ 알

킥킥이는 앵두를 따서 한 바구니에 4알씩,
모두 바구니 4개를 채웠어요.

한 바구니에는 앵두가 몇 알씩 있나요? : ＿＿ 알
바구니는 몇 개인가요? : ＿＿ 개
앵두는 모두 몇 알인가요? : ＿＿ 알

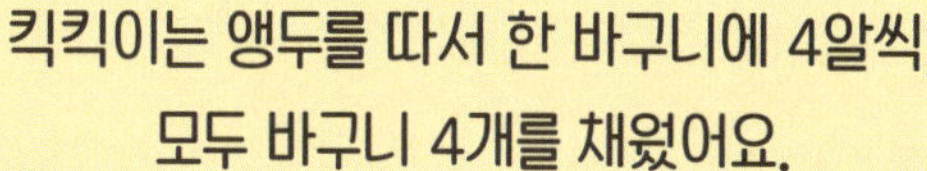

찍찍이는 보리쌀을 한 자루에 9알씩,
총 5자루에 모았어요.

한 자루에는 보리쌀이 몇 알씩 있나요? : ＿＿ 알
자루는 몇 개인가요? : ＿＿ 개
보리쌀은 모두 몇 알인가요? : ＿＿ 알

킥킥이는 보리쌀을 한 단지에 7알씩,
총 7단지에 모았어요.

한 단지에는 보리쌀이 몇 알씩 있나요? : ＿＿ 알
단지는 몇 개인가요? : ＿＿ 개
보리쌀은 모두 몇 알인가요? : ＿＿ 알

# 몇씩 몇 묶음을 곱셈식으로 나타내기

나무마니 마을에서 겨울나기는 무리 없겠어요!
식량을 이렇게나 많이 모았으니 말이에요. 마지막으로 다음 식량을 세고
떠나자고요. 안트가 혼자서 이걸 다 세다간 허리가 휘고 말 거예요.

자두는 모두 몇 개일까요?

<덧셈식>
6+6+6+6 = _____

또는

<곱셈식>
6x4 = _____

답

버섯은 모두 몇 개일까요?

<덧셈식>
7+7+7+7+7 = _____

또는

<곱셈식>
7x ___ = _____

답

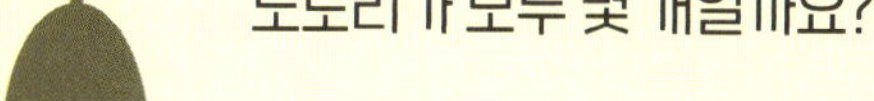
도토리가 모두 몇 개일까요?

<덧셈식>
2+2+2+2+2+2+2 = _____

또는

<곱셈식>
_____ x ____ = _____

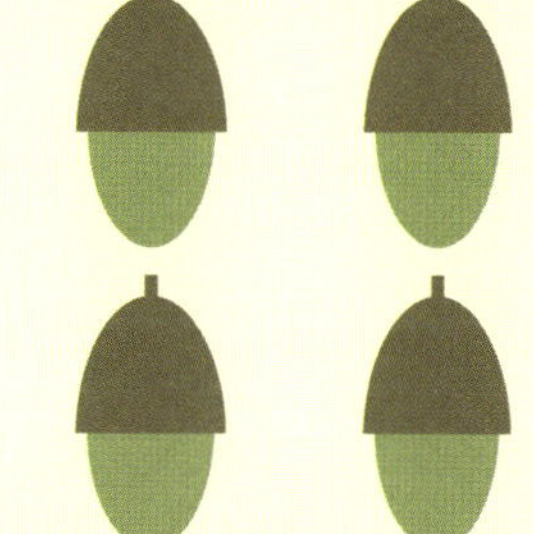



밤은 모두 몇 개일까요?

<덧셈식>
3+3+3+3+3 = _____

또는

<곱셈식>
_____ x ____ = _____

호두는 모두 몇 개일까요?

<덧셈식>                      <곱셈식>
9+9+9 = _____    또는    _____ x ____ = _____

자두, 버섯, 밤, 도토리, 그리고 호두를 합하면 모두 몇 개일까요?

_____ + _____ + _____ + _____ + _____ = _____

# 차가운 바람의 경고

언제나 그렇듯이 가을이 지나면 겨울이 온답니다. 겨울이 오면 나무마니 마을은 항상 어두워요. 태양이 거대한 오크나무 뒤에 숨어서 뜨지 않거든요. 차가운 바람이 나무 사이에 스며들고, 가지를 메마르게 하지요. 잎들이 우수수 떨어지면 정말 나무마니 마을에 겨울이 찾아왔다는 뜻이에요.

겨울이 오면 동물들은 재빠르게 움직여야 해요. 추위를 피해서 굴속으로 들어가야 하거든요. 굴 안에 들어간다고 해서 끝이 아니고, 굴 안으로 바람이 파고들면 구멍을 찾아 메워야 해요. 푹신하고 따뜻한 침대도 만들어야 하고, 모아 둔 식량들을 꺼내 와야 하지요.

그렇게 모든 동물이 식량을 꺼내 오면, 숲에서 그 어떤 초록색도 찾을 수 없는 혹독한 겨울이 시작됩니다.

동물들에게 겨울나기 선물로 준 모자가 바람 때문에 전부 섞였어요.
주인 찾는 걸 도와줄 거죠? 모자와 주인을 찾아 선으로 이어 주세요.

# 수를 순서대로!

아이고, 도치 아주머니의 빨래가 매서운 겨울바람 때문에 전부 날아가 버렸어요.
어서 빨래를 널고 굴로 들어가야 하는데….
도치 아주머니가 혼자서 이 일을 하다간 얼어 버릴 거예요.
도치 아주머니를 도와서 빨래를 널어 주세요! 작은 수부터 차례대로 널면 돼요.
책 뒤에 바람에 날아간 빨래 스티커가 있어요.

스티커는 본문 뒤에 있어요.

바람이 킥킥이네 신문 가판대도 엉망으로 만들어 버렸네요.
가판대 위에 잡지를 큰 수부터 차례대로 진열해 주세요.
서둘러요! 다시 바람이 불기 전에 정리를 끝내야 해요.
책 뒤에 바람에 날아간 잡지 스티커가 있어요.

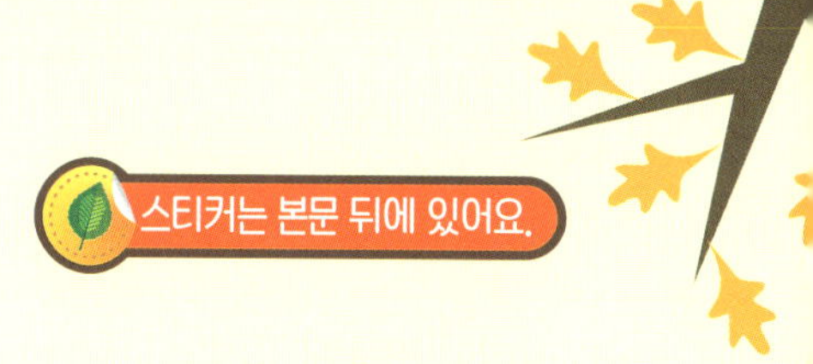

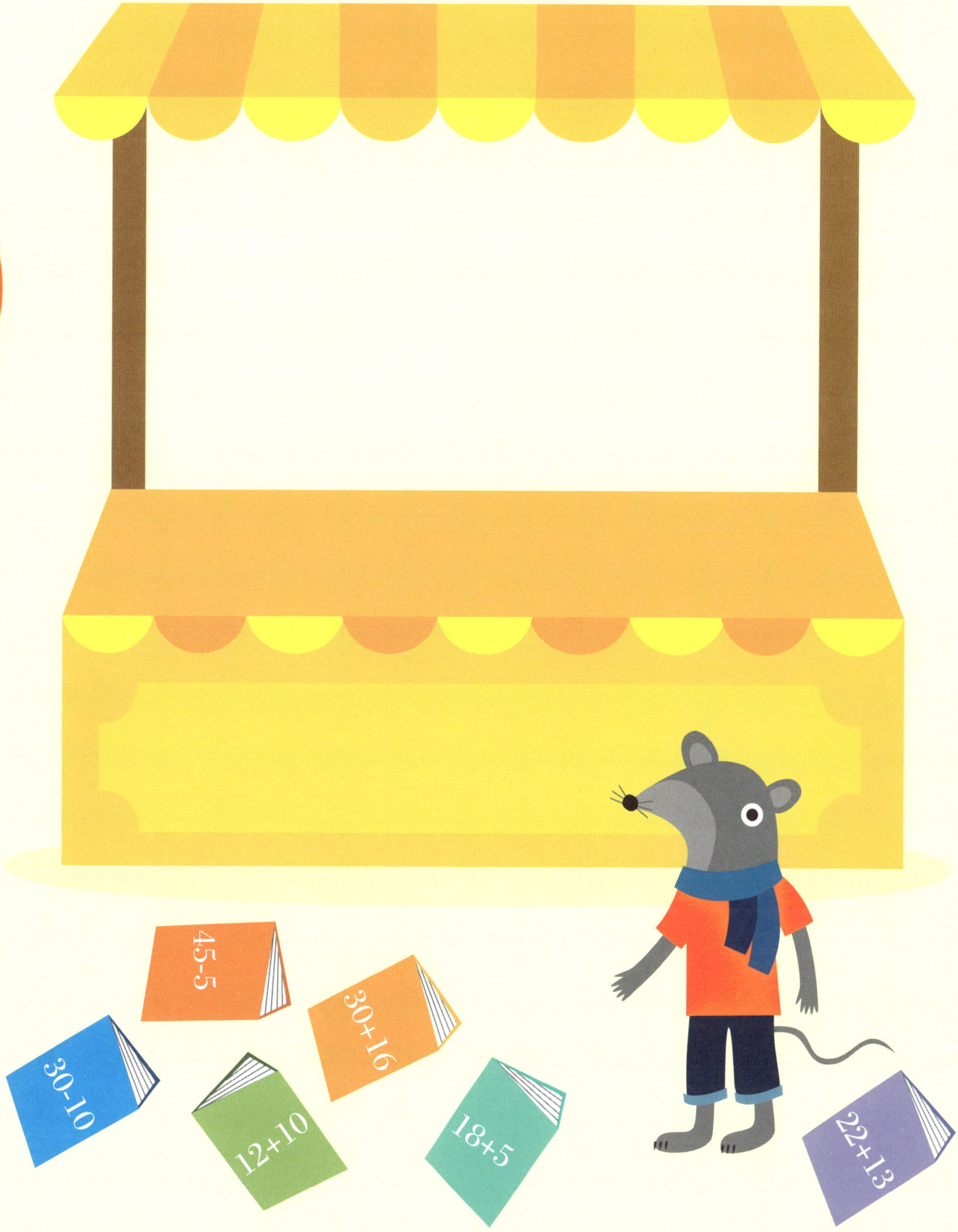

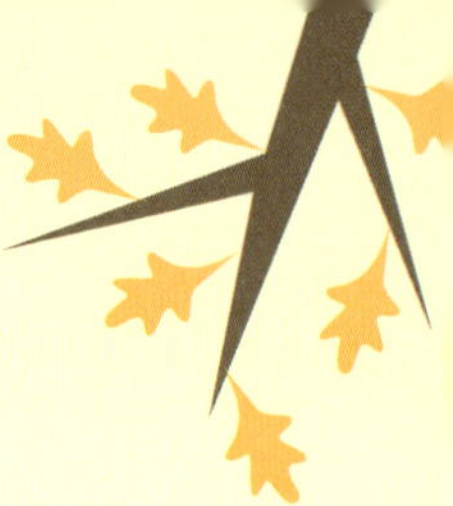

## 두 자리 수를 더하고 빼고!

가을은 낮이 짧고 쌀쌀하지요. 나뭇잎은 붉게 물들고 이내 땅으로 떨어집니다. 나뭇잎에 있는 덧셈과 뺄셈을 계산하면 이 나무가 어떤 색으로 단풍이 드는지 알 수 있어요. 보기를 보고 계산 결과에 알맞은 색을 칠해 보세요.

**보기**

- 34
- 32
- 25
- 28
- 20

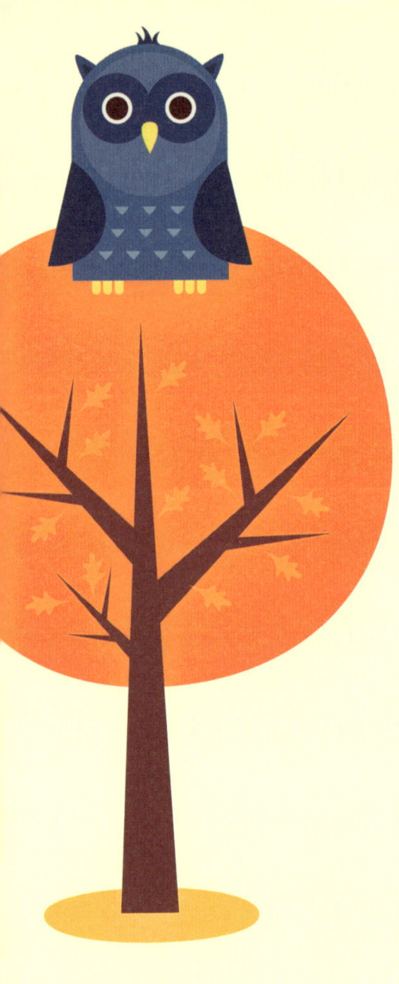

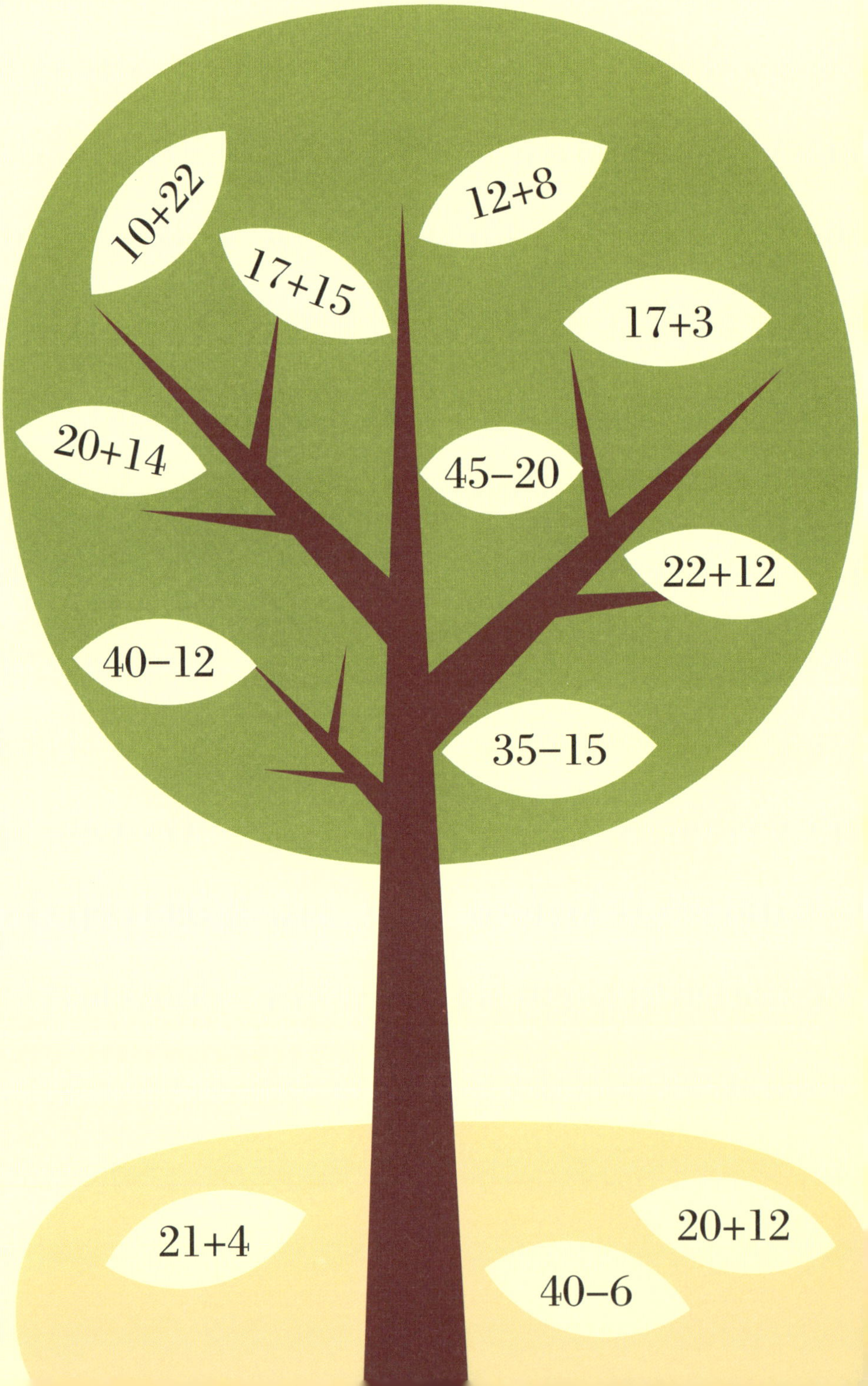

18+10
15+13
11+23
15+10
30−5
9+11
50−30
40−8
38−4
35−3
13+12
19+9
38−10

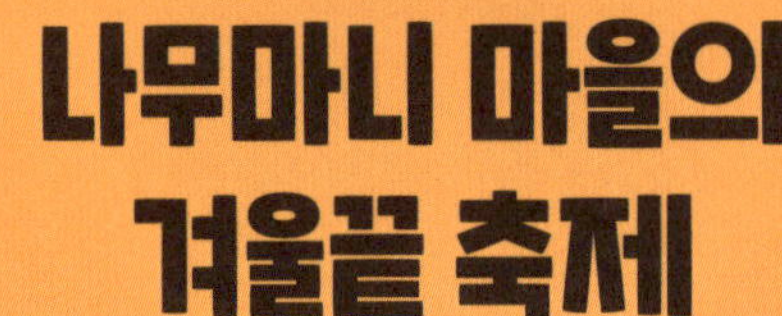


오늘따라 숲에 활기가 넘치네요. 날도 많이 풀려서 제법 따사로운 햇빛이 비추고 있어요. 귀염둥이 호박벌은 현수막을 걸고 있고, 소리오 선생님은 운동장을 쓸고 있고, 비버 선생님은 긴 의자를 만들고 있네요. 이제 곧 나무마니 마을의 겨울끝 축제 기간이랍니다!

나무마니 마을의 동물들은 겨울이 지날 때쯤에 겨울이 끝나는 걸 축하하는 축제를 열어요. 겨울끝 축제는 나무마니 마을의 오랜 전통입니다.
악기 연주와 노래에 소질 있는 동물들이 겨울끝 축제의 시작을 알리는 축가를 부를 거예요. 모든 동물이 경기에 참여할 수 있도록 장애물 달리기, 높이뛰기, 활쏘기 등 다양한 경기가 준비되어 있어요. 동물들은 경기가 모두 끝나면 신나는 축하 파티를 하지요.

파티는 귀뚤 아저씨의 멋진 연주, 토토 아저씨의 맛있는 빵, 고슴이가 준비한 음료수로 가득하답니다. 그렇게 하루 종일 먹고 마신 뒤에 피곤하지만 행복한 상태로 굴이 아닌 집으로 돌아가요. 기꺼이 봄을 맞을 준비를 하겠지요!

겨울끝 축제에는 마스코트가 있어요.
이 마스코트는 어떤 모습일까요? 아주 귀여운 친구랍니다.
각 칸의 문제를 풀어서 나온 값에 알맞은 색을 칠해 보세요.

| 10 | → | 빨강 |
|---|---|---|
| 30 | → | 밝은 갈색 |
| 40 | → | 어두운 갈색 |
| 50 | → | 초록 |

| | 30+20 | | | | | | | |
|---|---|---|---|---|---|---|---|---|
| 40+10 | 25+25 | | | | | | | |
| | | | | 0+40 | | | | |
| | 43−3 | 31+9 | 36+4 | 48−8 | 10+30 | | | |
| 50−10 | 28+12 | 40+0 | 25+15 | 1+39 | 40−0 | 29+11 | | |
| 33+7 | 49−9 | 30+10 | 39+1 | 20+20 | 34+6 | 35+5 | 32+8 | 45−5 |
| 30+0 | 25+5 | 50−20 | 10+20 | 5+25 | 19+11 | 1+29 | | |
| 2+28 | | 16+14 | 28+2 | 35−5 | | 24+6 | | |
| 41−11 | 15+15 | 36−6 | 6+4 | 30−0 | 14+16 | 32−2 | | |
| 12+18 | 40−10 | 21+9 | 20+10 | 29+1 | 22+8 | 17+13 | | |
| | 23+7 | 18+12 | 23+7 | 26+4 | 19+11 | | | |
| | | 7+23 | 11+19 | 3+27 | | | | |

55

## 활쏘기 대회

여기는 활쏘기 경기장입니다.
선수들은 각각 화살 4발을 쏠 수 있어요.
선수마다 얻은 점수를 구해 보세요. 누가 이겼을까요?

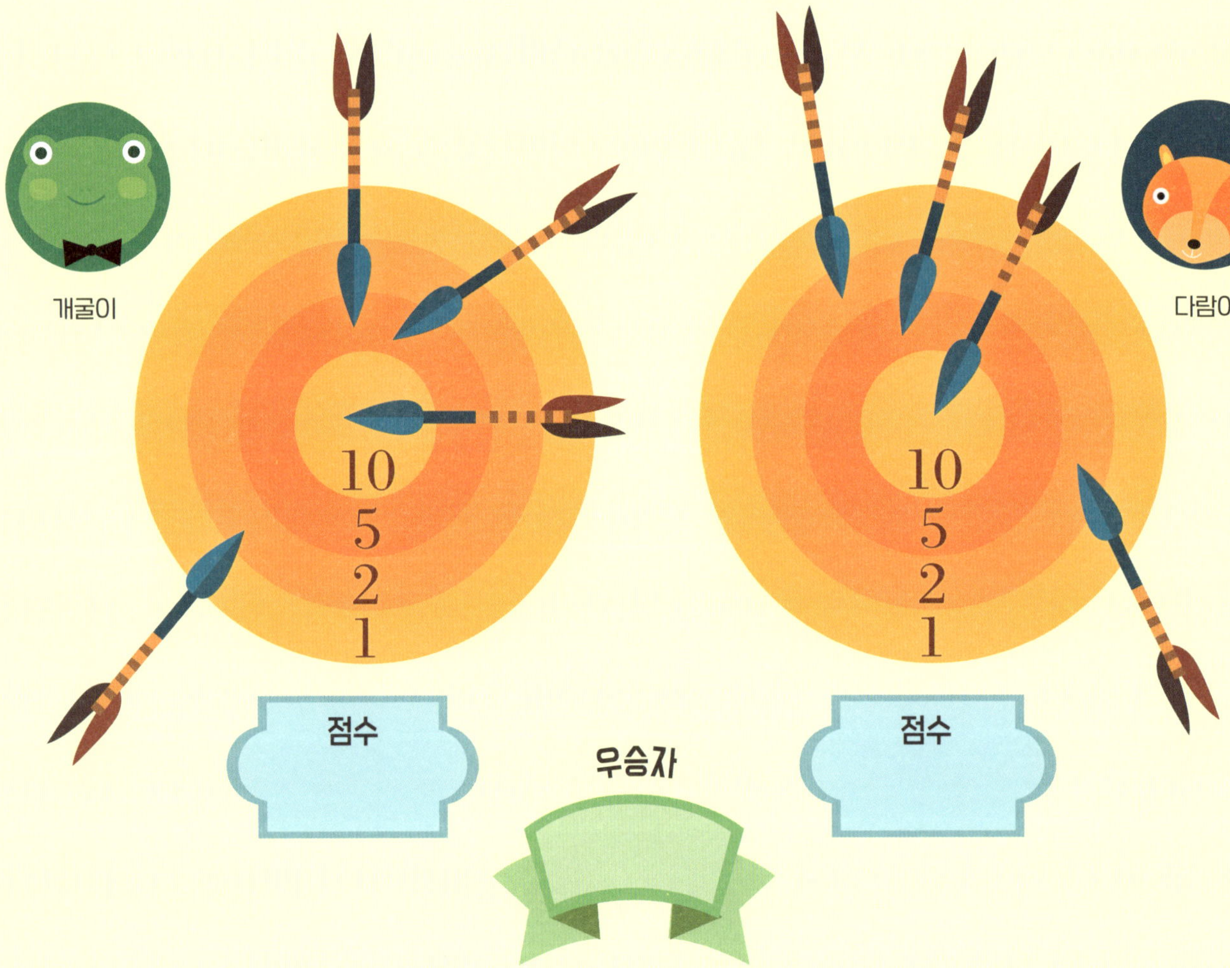

개굴이

다람이

10
5
2
1

10
5
2
1

점수

점수

우승자

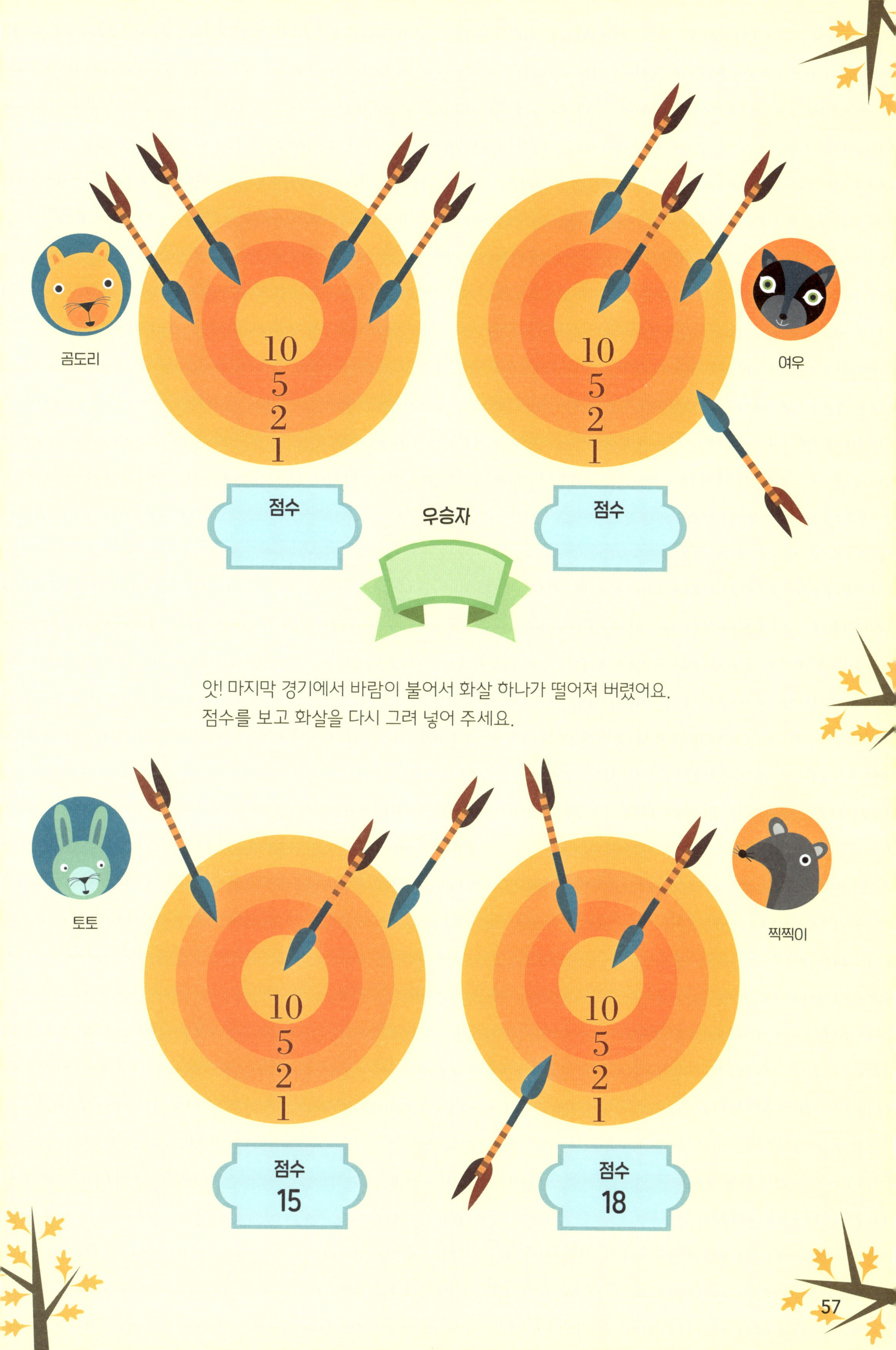


앗! 마지막 경기에서 바람이 불어서 화살 하나가 떨어져 버렸어요.
점수를 보고 화살을 다시 그려 넣어 주세요.

스티커는 본문 뒤에 있어요.
뛰어 세기 대회
이번 경기는 뛰어 세기입니다.
동물마다 뛰기 점수를 계산해서 등수를 매겨 보세요.
책 뒤에 있는 참가자 스티커를 등수에 맞게 붙이세요.
5씩 뛰어요.
0
5
4씩 뛰어요.
0
4
3씩 뛰어요.
0
3
7씩 뛰어요.
0
7

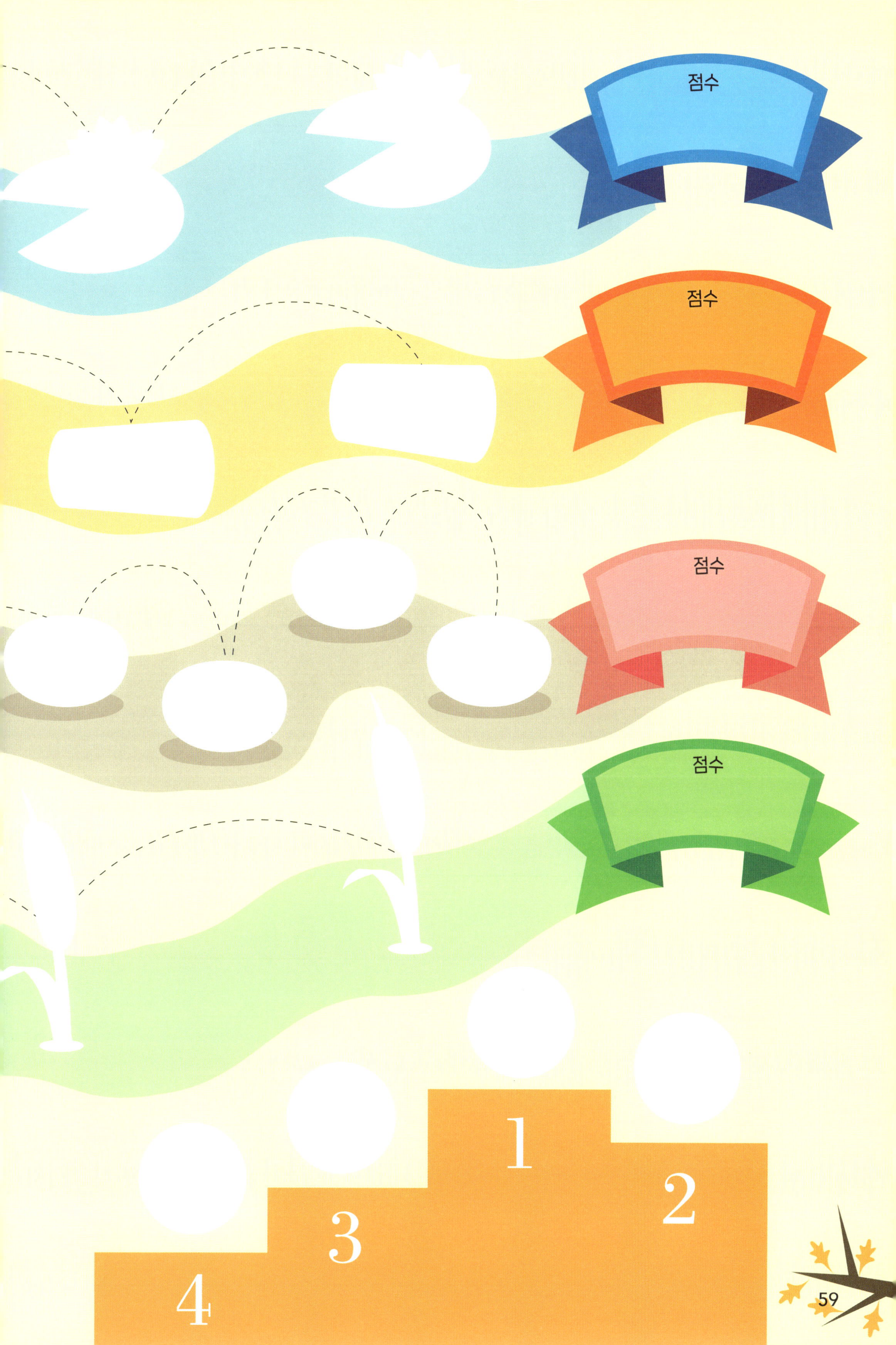

점수
점수
점수
점수
1
2
3
4
59

## 더 풀어 보기

두 수를 모으기 해 보세요.

**1.**

1　4

1과 4를 모으면
몇일까요?

**2.**

2　4

**3.**

3　3

**4.**

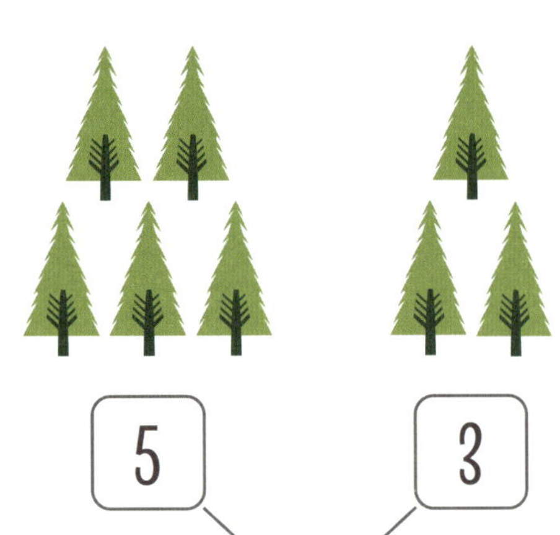

5　3

**5.**

6　4

**6.**

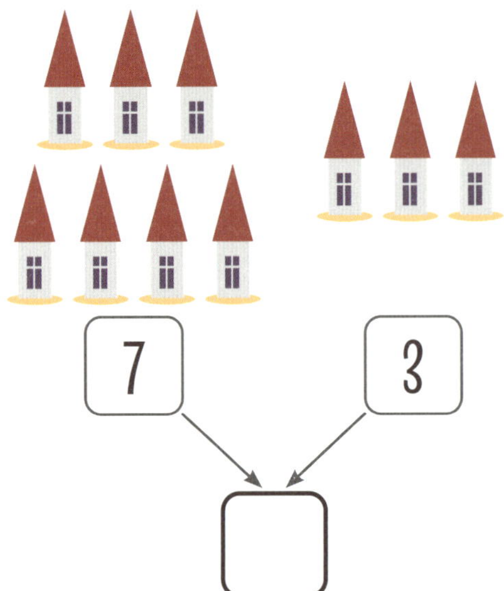

7　3

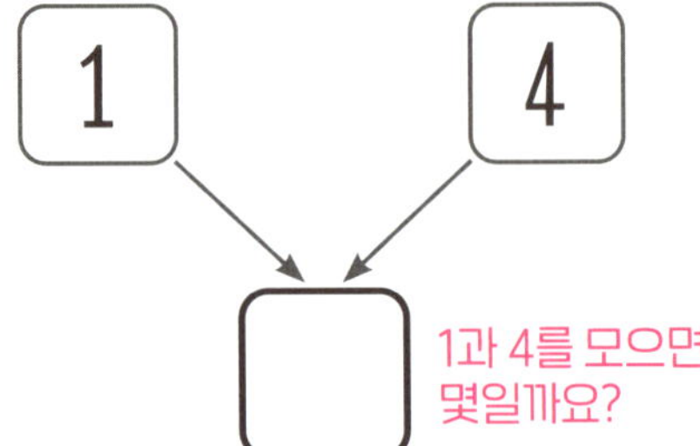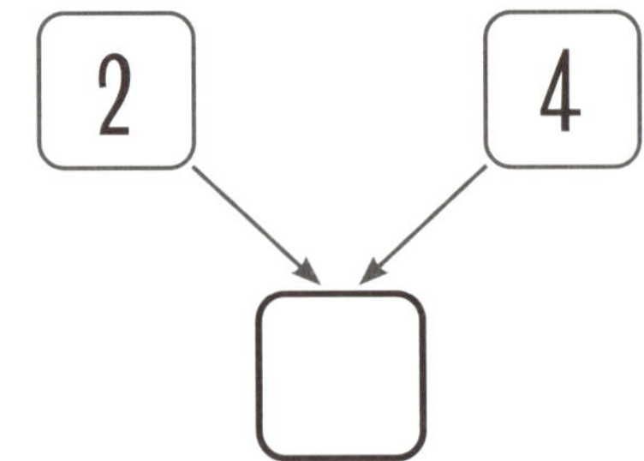

 두 수로 가르기 해 보세요.

7.

5

5는 2와 몇으로 가를 수 있나요?

[ ] 2

8.

8

[ ] 4

9.

7

5 [ ]

10.
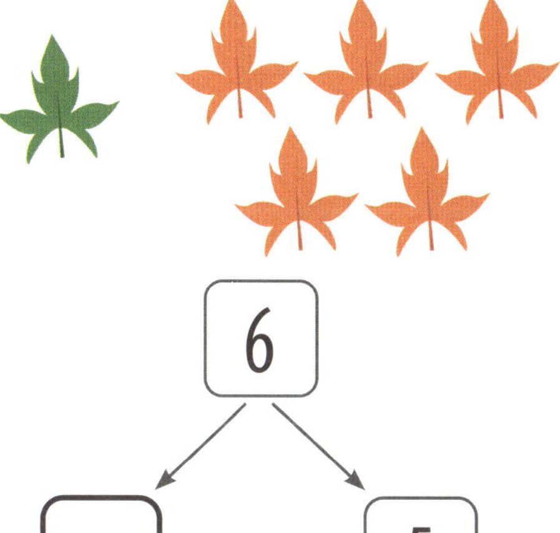

6

[ ] 5

11.
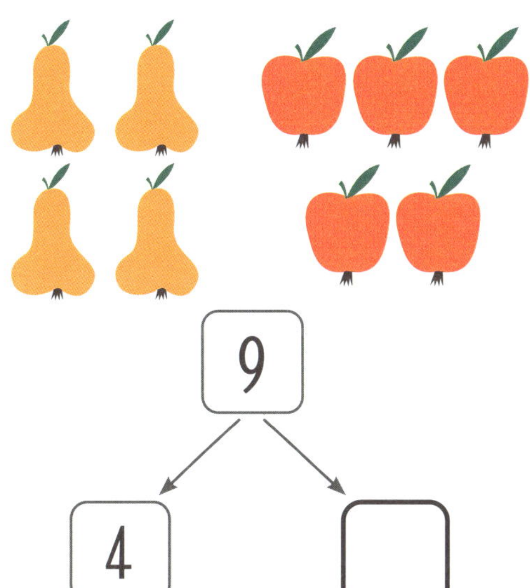

9

4 [ ]

12.

10

6 [ ]

## 더 풀어 보기

 덧셈을 하세요.

13. $5 + 3 =$ ☐     14. $4 + 2 =$ ☐     15. $6 + 2 =$ ☐

16. $4 + 5 =$ ☐     17. $1 + 9 =$ ☐     18. $7 + 3 =$ ☐

19. $2 + 8 =$ ☐     20. $4 + 6 =$ ☐     21. $5 + 5 =$ ☐

22. $9 + 3 =$ ☐     23. $6 + 6 =$ ☐     24. $8 + 5 =$ ☐

뺄셈을 하세요.

25. $4 - 3 =$ ☐     26. $6 - 5 =$ ☐     27. $7 - 6 =$ ☐

28. $5 - 3 =$ ☐     29. $8 - 6 =$ ☐     30. $6 - 3 =$ ☐

31. $9 - 6 =$ ☐     32. $8 - 5 =$ ☐     33. $10 - 4 =$ ☐

34. $11 - 4 =$ ☐     35. $12 - 4 =$ ☐     36. $13 - 4 =$ ☐

 수를 따라 읽어 보고, 10개씩 몇 묶음인지 ☐ 안에 써 보세요.

**37.** 30 삼십 / 서른 — 10개씩 묶음 ☐ 개

**38.** 40 사십 / 마흔 — 10개씩 묶음 ☐ 개

**39.** 50 오십 / 쉰 — 10개씩 묶음 ☐ 개

**40.** 60 육십 / 예순 — 10개씩 묶음 ☐ 개

**41.** 70 칠십 / 일흔 — 10개씩 묶음 ☐ 개

**42.** 80 팔십 / 여든 — 10개씩 묶음 ☐ 개

**43.** 90 구십 / 아흔 — 10개씩 묶음 ☐ 개

두 자리 수를 읽고, ▢에 알맞은 수를 써 보세요.

44. 

45. 

46. 

47. 

48. 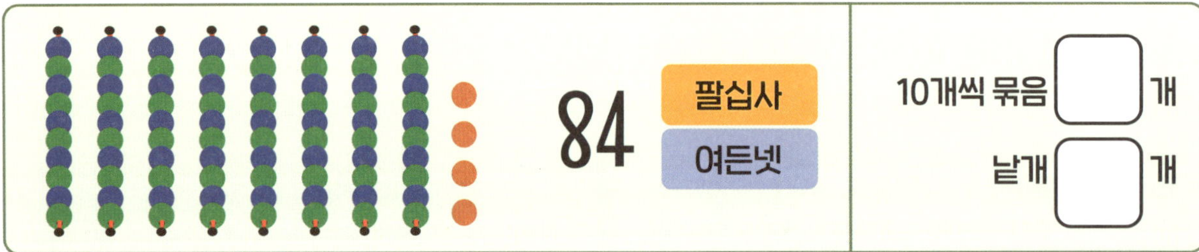

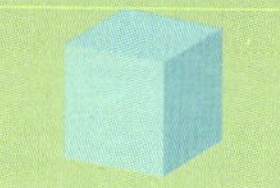

 10개씩 묶어 보고, 모두 몇 개인지 ☐ 안에 써 보세요.

49.

☐ 개

50. 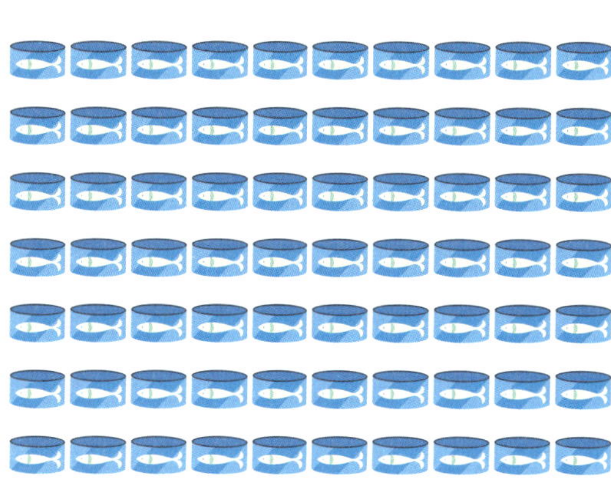

☐ 개

51.

☐ 개

52. 

☐ 개

 그림을 보고 덧셈을 해 보세요.

53.

$20 + 6 =$ ☐

54.

$40 + 10 =$ ☐

55.
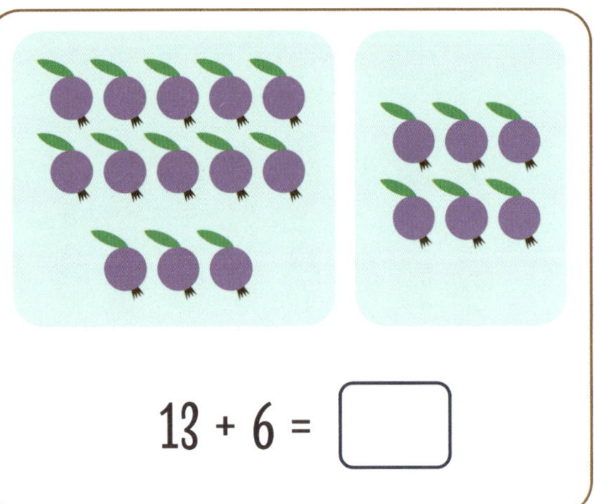

$13 + 6 =$ ☐

56.
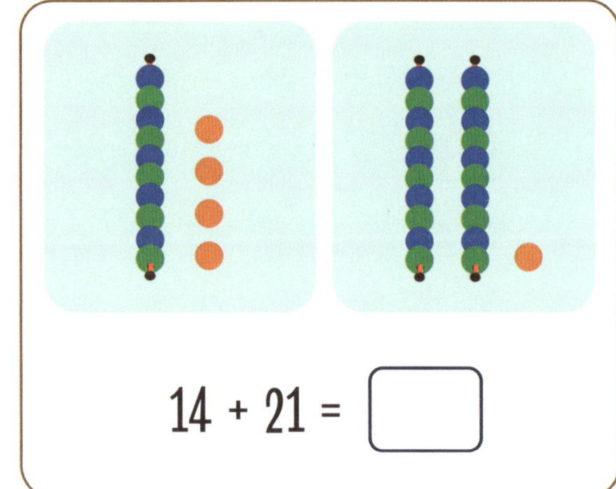

$14 + 21 =$ ☐

계산해 보세요.

57. $30 + 7 =$ ☐

58. $20 + 4 =$ ☐

59. $20 + 20 =$ ☐

60. $14 + 3 =$ ☐

61. $21 + 8 =$ ☐

62. $32 + 5 =$ ☐

63. $16 + 12 =$ ☐

64. $24 + 11 =$ ☐

65. $33 + 14 =$ ☐

 그림을 보고 뺄셈을 해 보세요.

66.

$16 - 5 = \boxed{\phantom{00}}$

67.
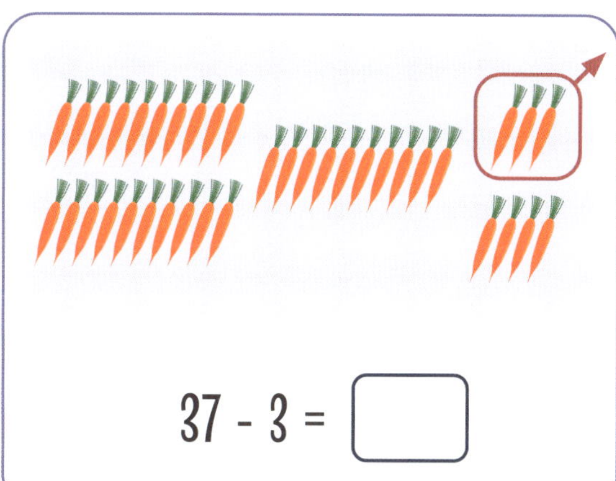

$37 - 3 = \boxed{\phantom{00}}$

68.
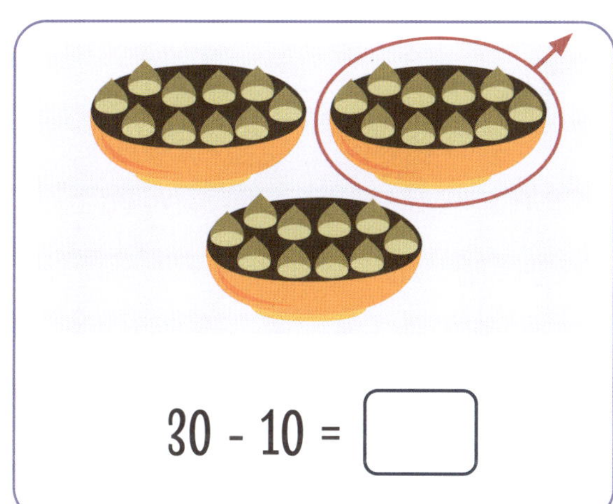

$30 - 10 = \boxed{\phantom{00}}$

69.
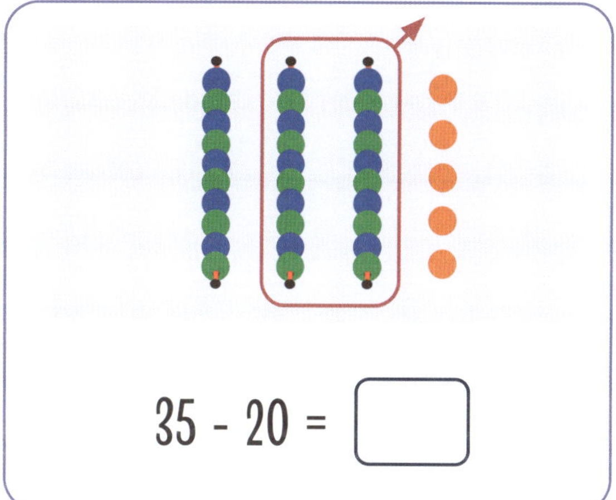

$35 - 20 = \boxed{\phantom{00}}$

계산해 보세요.

70. $15 - 3 = \boxed{\phantom{00}}$

71. $18 - 6 = \boxed{\phantom{00}}$

72. $14 - 1 = \boxed{\phantom{00}}$

73. $25 - 5 = \boxed{\phantom{00}}$

74. $32 - 2 = \boxed{\phantom{00}}$

75. $40 - 20 = \boxed{\phantom{00}}$

76. $50 - 20 = \boxed{\phantom{00}}$

77. $28 - 10 = \boxed{\phantom{00}}$

78. $46 - 20 = \boxed{\phantom{00}}$

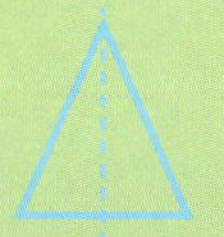   

# 정답

## 9쪽

## 11쪽

## 12쪽

## 13쪽

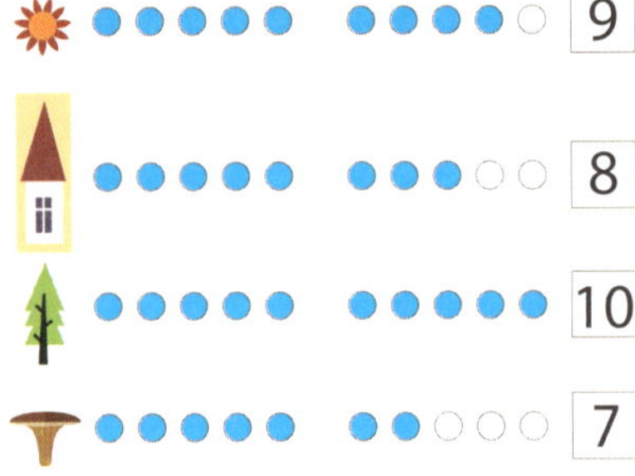

| | |
|---|---|
| 해바라기 | 9 |
| 집 | 8 |
| 나무 | 10 |
| 버섯 | 7 |
| 병아리 | 6 |

## 14쪽

## 15쪽

(예)

(1)

(2) 3개
(3) 8개
(4) 16개

## 18쪽

3+4=7     4+5=9     1+2+3=6

9+1=10    0+6=6     5+3+2=10

5+3=8     4+4=8     1+4+3=8

2+2=4     1+4=5     8+1+1=10

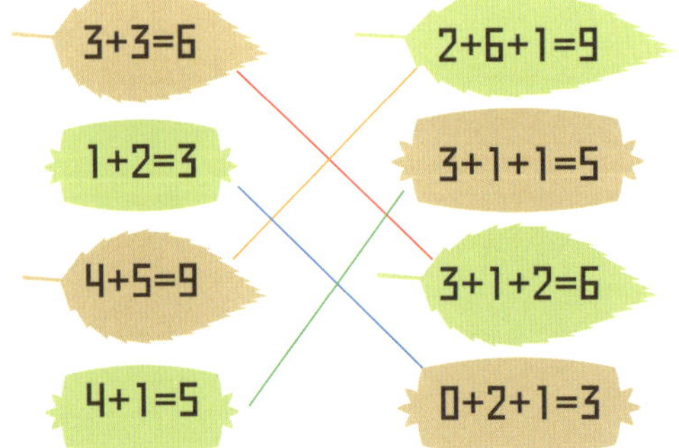



## 19쪽

## 20쪽

## 21쪽

## 22쪽

## 23쪽

## 24쪽

| | | | | | | |
|---|---|---|---|---|---|---|
| 4 | 14 | 16 | 19 | 35 | 38 | 41 |
| 고 | 소 | 한 | 호 | 두 | 파 | 이 |

## 25쪽

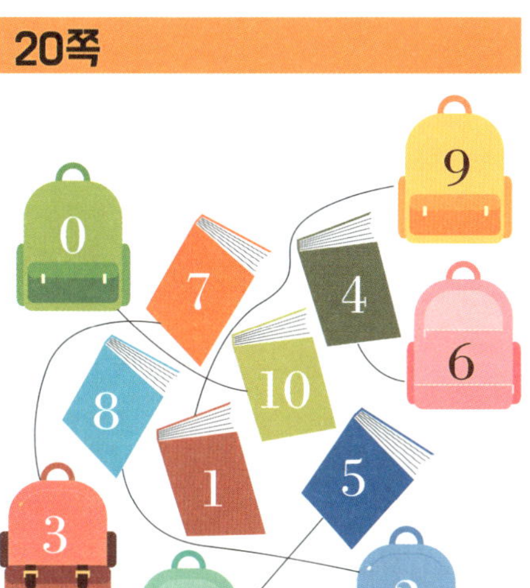

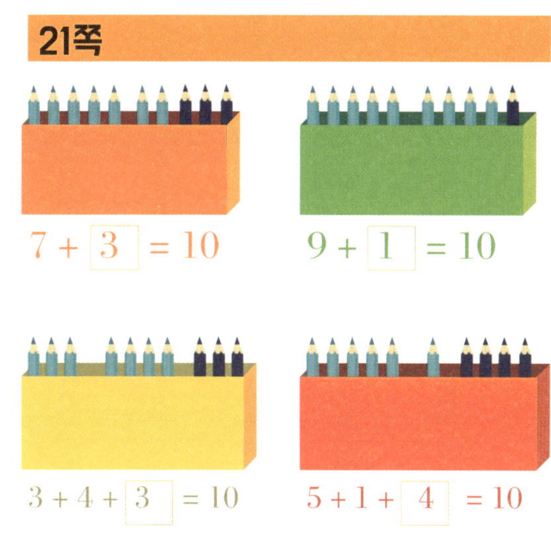

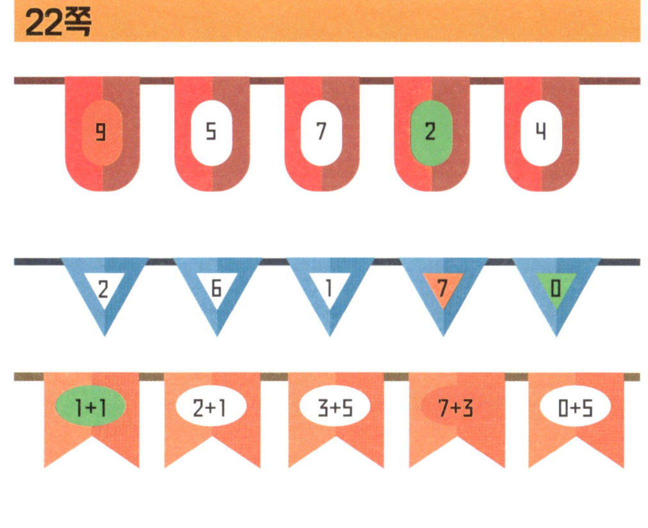

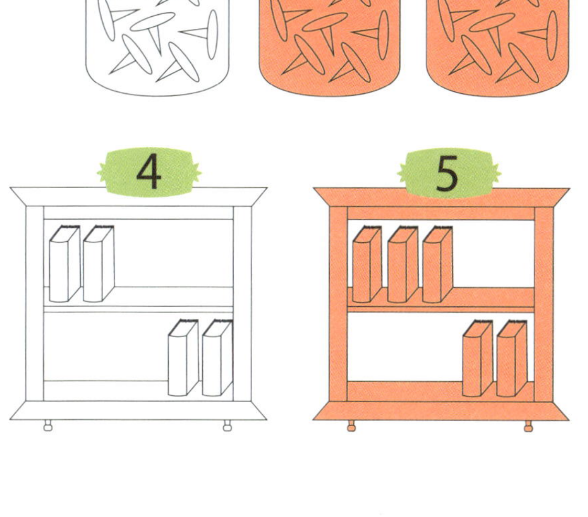

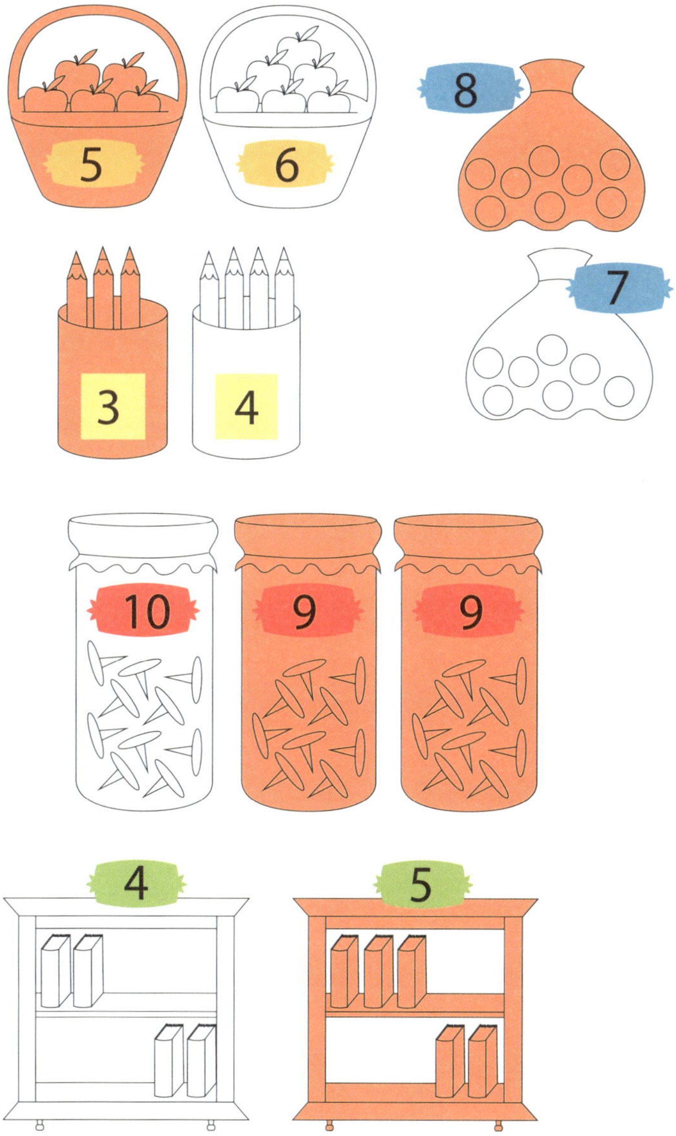

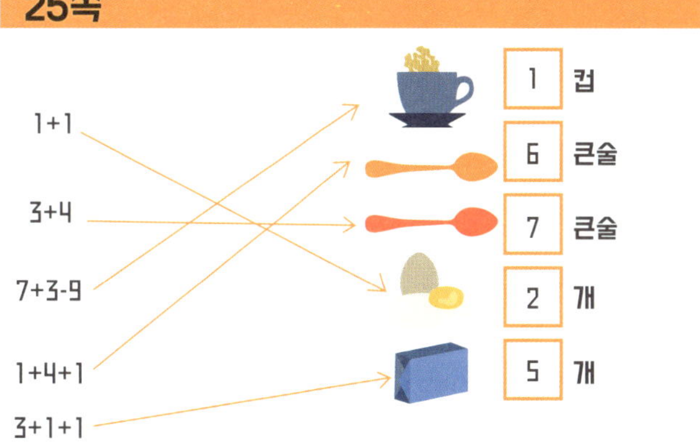

18개



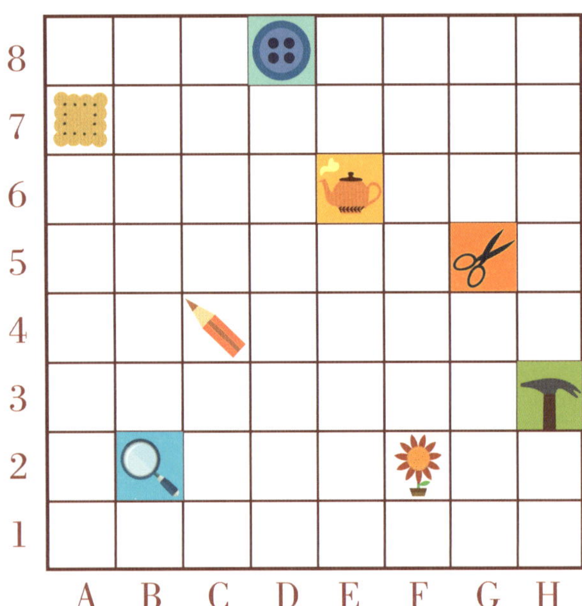

연필 : C4
화분 : F2
과자 : A7



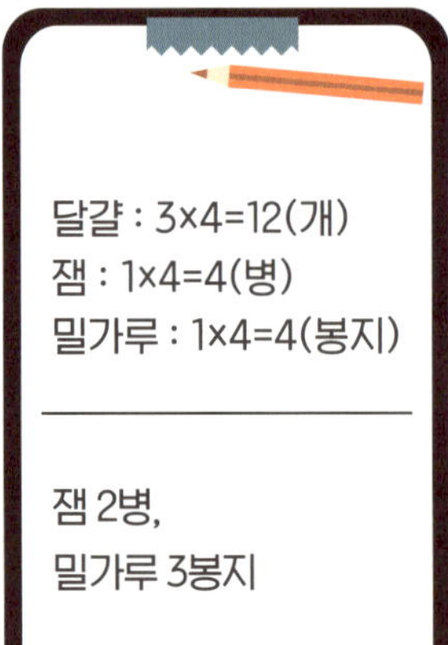

달걀 : 3×4=12(개)
잼 : 1×4=4(병)
밀가루 : 1×4=4(봉지)

___

잼 2병,
밀가루 3봉지

합계 : ___9___

합계 : ___13___

합계 : ___18___

합계 : ___18___

합계 : ___18___

합계 : ___11___

(1) 2+3+1 = 6
(2) 8−6 = 2

(3) 2병
(4) 아니요.

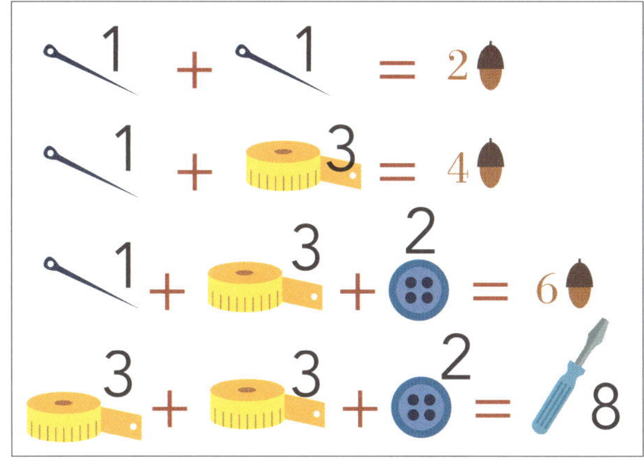

 15개

 24개

 30개

 17개

한 바구니 안에 든 산딸기의 수 : 6개
바구니의 수 : 2개
전체 산딸기의 수 : 12개

한 바구니에 든 산딸기의 수 : 3개
바구니의 수 : 3개
전체 산딸기의 수 : 9개

한 자루에 든 자두의 수 : 2개
자루의 수 : 5개
전체 자두의 수 : 10개

한 바구니 안에 든 자두의 수 : 7개
바구니의 수 : 2개
전체 자두의 수 : 14개

앵두 한 송이에는 몇 알씩 있나요? : 2알
앵두는 몇 송이인가요? : 10송이
앵두는 모두 몇 알인가요? : 20알

한 바구니에는 앵두가 몇 알씩 있나요? : 4알
바구니는 몇 개인가요? : 4개
앵두는 모두 몇 알인가요? : 16알

한 자루에는 보리쌀이 몇 알씩 있나요? : 9알
자루는 몇 개인가요? : 5개
보리쌀은 모두 몇 알인가요? : 45알

한 단지에는 보리쌀이 몇 알씩 있나요? : 7알
단지는 몇 개인가요? : 7개
보리쌀은 모두 몇 알인가요? : 49알

<자두>
6+6+6+6 = 24
6×4 = 24
24개

<호두>
9+9+9 = 27
9×3 = 27
27개

<버섯>
7+7+7+7+7 = 35
7×5 = 35
35개

<전체>
24+35+15+14+27 = 115

<밤>
3+3+3+3+3 = 15
3×5 = 15
15개

<도토리>
2+2+2+2+2+2+2 = 14
2×7 = 14
14개

전 체
115개

19
23
27
38
41
44

30+16
45-5
22+13
18+5
12+10
30-10

**52~53쪽**

32
10+22
32
17+15
12+8
20
17+3
20
34
20+14
45-20
25
22+12
34
28
40-12
35-15
20
32
25
34
20+12
21+4
40-6
28
18+10
25
15+13
34
11+23
15+10
20
9+11
30-5
25
20
50-30
32
34
40-8
38-4
32
35-3
25
19+9
13+12
38-10
28
28

**55쪽**

30+20
40+10  25+25
0+40
43-3  31+9  36+4  48-8  10+30
50-10  28+12  40+0  25+15  1+39  40-0  29+11
33+7  49-9  30+10  39+1  20+20  34+6  35+5  32+8  45-5
30+0  25+5  50-20  10+20  5+25  19+11  1+29
2+28  16+14  28+2  35-5  24+6
41-11  15+15  36-6  6+4  30-0  14+16  32-2
12+18  40-10  21+9  20+10  29+1  22+8  17+13
23+7  18+12  23+7  26+4  19+11
7+23  11+19  3+27

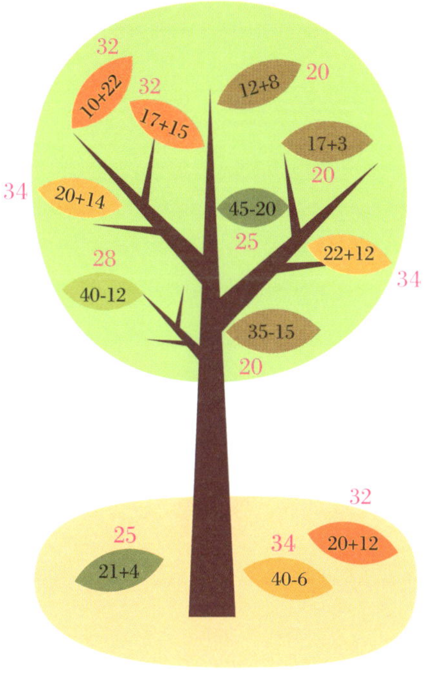

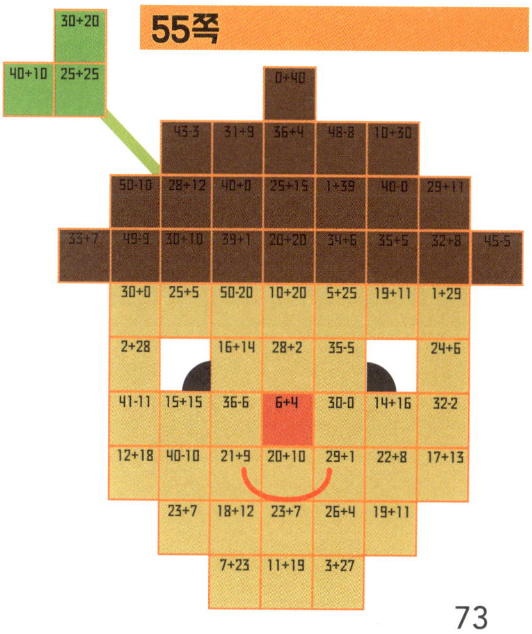

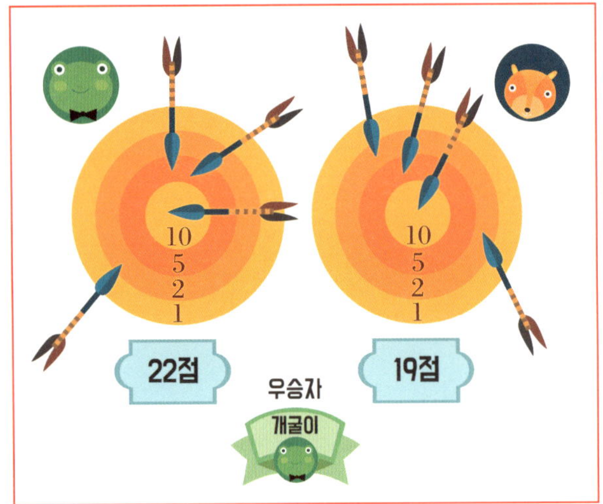

10
5
2
1
10
5
2
1
22점
19점
우승자
개굴이


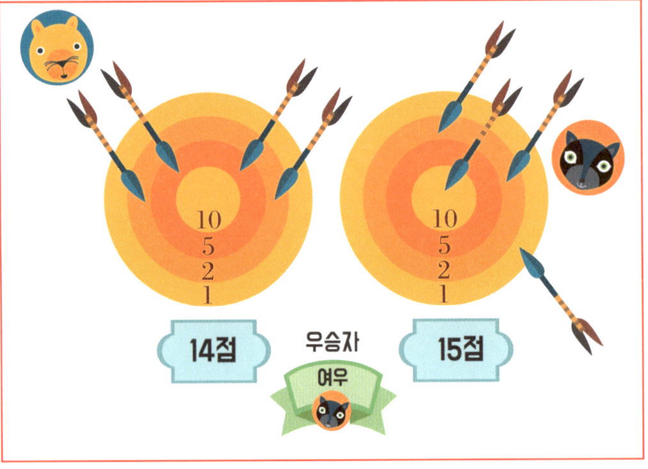

10
5
2
1
10
5
2
1
14점
우승자
여우
15점


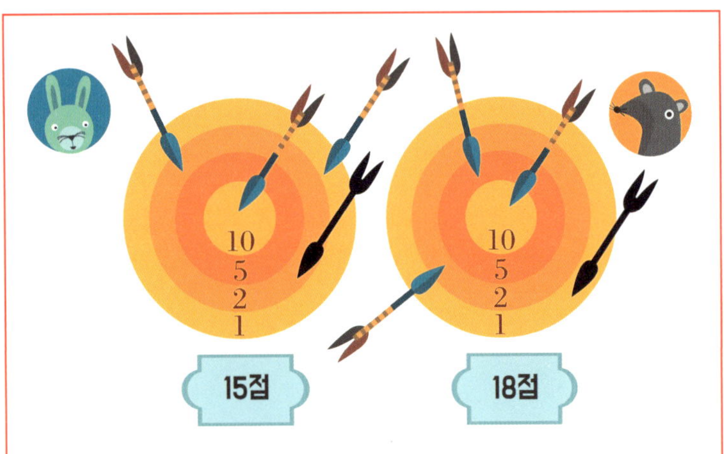

10
5
2
1
10
5
2
1
15점
18점

점수
25
점수
16
점수
21
점수
28
0
5
10
15
20
25
0
4
8
12
16
0
3
6
9
12
15
18
21
0
7
14
21
28
1
2
3
4

**60쪽**

| | | | | | |
|---|---|---|---|---|---|
| 1. 5 | 2. 6 | 3. 6 | 4. 8 | 5. 10 | 6. 10 |

**61쪽**

| | | | | | |
|---|---|---|---|---|---|
| 7. 3 | 8. 4 | 9. 2 | 10. 1 | 11. 5 | 12. 4 |

**62쪽**

| | | | | | | |
|---|---|---|---|---|---|---|
| 13. 8 | 14. 6 | 15. 8 | 16. 9 | 17. 10 | 18. 10 | 19. 10 |
| 20. 10 | 21. 10 | 22. 12 | 23. 12 | 24. 13 | 25. 1 | 26. 1 |
| 27. 1 | 28. 2 | 29. 2 | 30. 3 | 31. 3 | 32. 3 | 33. 6 |
| 34. 7 | 35. 8 | 36. 9 | | | | |

**63쪽**

| | | | | | | |
|---|---|---|---|---|---|---|
| 37. 3 | 38. 4 | 39. 5 | 40. 6 | 41. 7 | 42. 8 | 43. 9 |

## 64쪽

44. 3, 8        45. 4, 7        46. 5, 2        47. 7, 5        48. 8, 4

## 65쪽

49. 50        50. 70        51. 63        52. 86

## 66쪽

53. 26        54. 50        55. 19        56. 35        57. 37        58. 24

59. 40        60. 17        61. 29        62. 37        63. 28        64. 35

65. 47

## 67쪽

66. 11        67. 34        68. 20        69. 15        70. 12        71. 12

72. 13        73. 20        74. 30        75. 20        76. 30        77. 18

78. 26

# 수빠맨 과 함께하는 초등 수학 학습 로드맵

쉽고 재미있게 초등 수학 전 과정을 배워 보세요.

## 초등 수학 교육 과정

| 수와 연산 | 도형과 측정 |
| --- | --- |
| 변화와 관계 | 자료와 가능성 |

| 영역 | 권 | 권 제목 | 세부 영역 | 학습 주제 | 권장 학년 | 학습 내용 |
| --- | --- | --- | --- | --- | --- | --- |
| 수와 연산 기본 | 1 | 숫자 영웅들의 수학 모험 | 수와 연산 | ·수<br>·도형 기초 | 1학년 | ·0에서 9까지 수 익히기<br>·여러 가지 선 알기<br>·평면도형 개념 알기<br>·도형의 안과 밖 깨치기 |
| | 2 | 덧셈 뺄셈 몬스터 왕국 | 수와 연산 | ·덧셈과 뺄셈 기초 | 1학년 | ·두 자리 수 익히기<br>·모양과 크기가 같은 도형 찾기<br>·덧셈식과 뺄셈식의 기초 |
| | 3 | 나무마니 마을의 더하기 빼기 | 수와 연산 | ·덧셈과 뺄셈 심화 | 1학년 | ·세 수의 덧셈식과 뺄셈식<br>·100까지 수 익히기<br>·좌표 읽기 기초<br>·묶어 세기 |
| | 4 | 곱셈구구 나라의 비밀 | 수와 연산 | ·곱셈과 나눗셈 기초 | 2학년 | ·곱셈구구<br>·곱셈식과 나눗셈식<br>·복잡한 계산식 쉽게 풀기 |
| | 5 | 사칙연산 바다를 지켜라 | 수와 연산 | ·사칙연산 기초 | 2학년 | ·연산 규칙 찾기<br>·여러 가지 방법으로 복합 사칙연산 하기<br>·덧셈과 뺄셈의 관계를 식으로 나타내기 |
| | 6 | 곱셈 공장 수리 작전 | 수와 연산 | ·사칙연산 심화 | 2학년 ~ 4학년 | ·곱셈·나눗셈 세로식 풀이<br>·곱셈의 교환법칙과 결합법칙<br>·약수와 배수<br>·나눗셈의 몫을 곱셈식으로 구하기 |

| 영역 | 권 | 권 제목 | 세부 영역 | 학습 주제 | 권장 학년 | 학습 내용 |
|---|---|---|---|---|---|---|
| 수와 연산 심화 | 7 | 곱셈 나눗셈으로 요리를 뚝딱 | 수와 연산 | ·곱셈과 나눗셈 심화<br>·분수 기초 | 3학년 ~ 5학년 | ·(몇십)×(몇)을 구하기<br>·(몇십)÷(몇)을 구하기<br>·똑같이 나누기<br>·분수로 나타내기<br>·단위분수 개념 |
| | 8 | 분수 도둑을 잡아라 | 수와 연산 | ·분수 | 3학년 ~ 5학년 | ·분자와 분모<br>·크기가 같은 분수 만들기<br>·분수 크기 비교<br>·분수 계산 |
| | 9 | 소수 해적단의 바다 탐험 | 수와 연산 | ·소수<br>·백분율 | 3학년 ~ 6학년 | ·소수 개념<br>·소수 크기 비교<br>·소수 계산<br>·백분율 개념과 분수를 백분율로 치환하기 |
| | 10 | 수학 마법의 성에서 규칙 찾기 | 수와 연산 | ·사고력 연산 | 2학년 ~ 5학년 | ·수 배열 규칙 찾기<br>·읽고 이해해서 푸는 문해력 연산<br>·연산식으로 암호 풀기<br>·연산 미로 |

| 영역 | 권 | 권 제목 | 세부 영역 | 학습 주제 | 권장 학년 | 학습 내용 |
|---|---|---|---|---|---|---|
| 도형과 측정, 변화와 관계, 자료와 가능성 | 11 | 공룡을 재는 여러 단위 | 측정 | ·길이<br>·들이<br>·무게<br>·시간 | 2학년 ~ 3학년 | ·길이, 넓이, 무게, 들이의 단위<br>·기호를 숫자로 나타내기<br>·시간과 시계 읽는 법<br>·섭씨 온도와 화씨 온도 |
| | 12 | 규칙 유령이 사는 집 | 변화와 관계 | ·규칙과 추론 | 2학년 ~ 4학년 | ·수 배열 규칙 추론<br>·계산식에서 규칙 추론<br>·무늬에서 규칙 추론<br>·도형의 배열에서 규칙 추론 |
| | 13 | 도형과 함께 우주 탐험 | 도형 | ·도형<br>·공간 | 3학년 ~ 6학년 | ·선의 종류(선분과 직선)<br>·각과 직각<br>·평면도형<br>·정다면체<br>·대칭이동과 회전이동, 평행이동 |
| | 14 | 숫자와 그래프로 마을을 구하라 | 자료와 가능성 | ·그래프<br>·집합 | 3학년 ~ 6학년 | ·표와 그래프 읽기<br>·자료 조사와 표, 그래프로 나타내기<br>·벤 다이어그램과 집합<br>·비례식 |

### 글 | 린다 베르톨라

밀라노 가톨릭 대학교에서 외국어를 전공했습니다. 학교 안팎에서 특수 교육이 필요한 학생들을 위한 교육 및 학습 지원에도 관심이 많으며, 다문화 교사로도 활동하고 있습니다. 현재는 재미있는 수학 학습법을 열정적으로 연구하며 지내고 있습니다.

### 그림 | 아그네세 바루치

ISIA(최고예술산업연구소)에서 그래픽을 공부했습니다. 2001년부터 일러스트레이터이자 작가로 활동하고 있으며 청소년을 위한 책들을 출판했습니다.

### 감수 | 송용진

한국을 대표하는 위상수학자입니다. 서울대학교 수학과를 졸업하고 미국 오하이오주립대에서 박사학위를 받았습니다. 오랫동안 영재교육과 수학올림피아드에 대한 일을 해 왔으며 지금은 국제 수학올림피아드 선출직 위원(IMO Board Member)으로 활동하고 있습니다. 쓴 책으로 《수학은 우주로 흐른다》, 《영재의 법칙》, 《수학자가 들려주는 진짜 논리 이야기》 등이 있습니다.

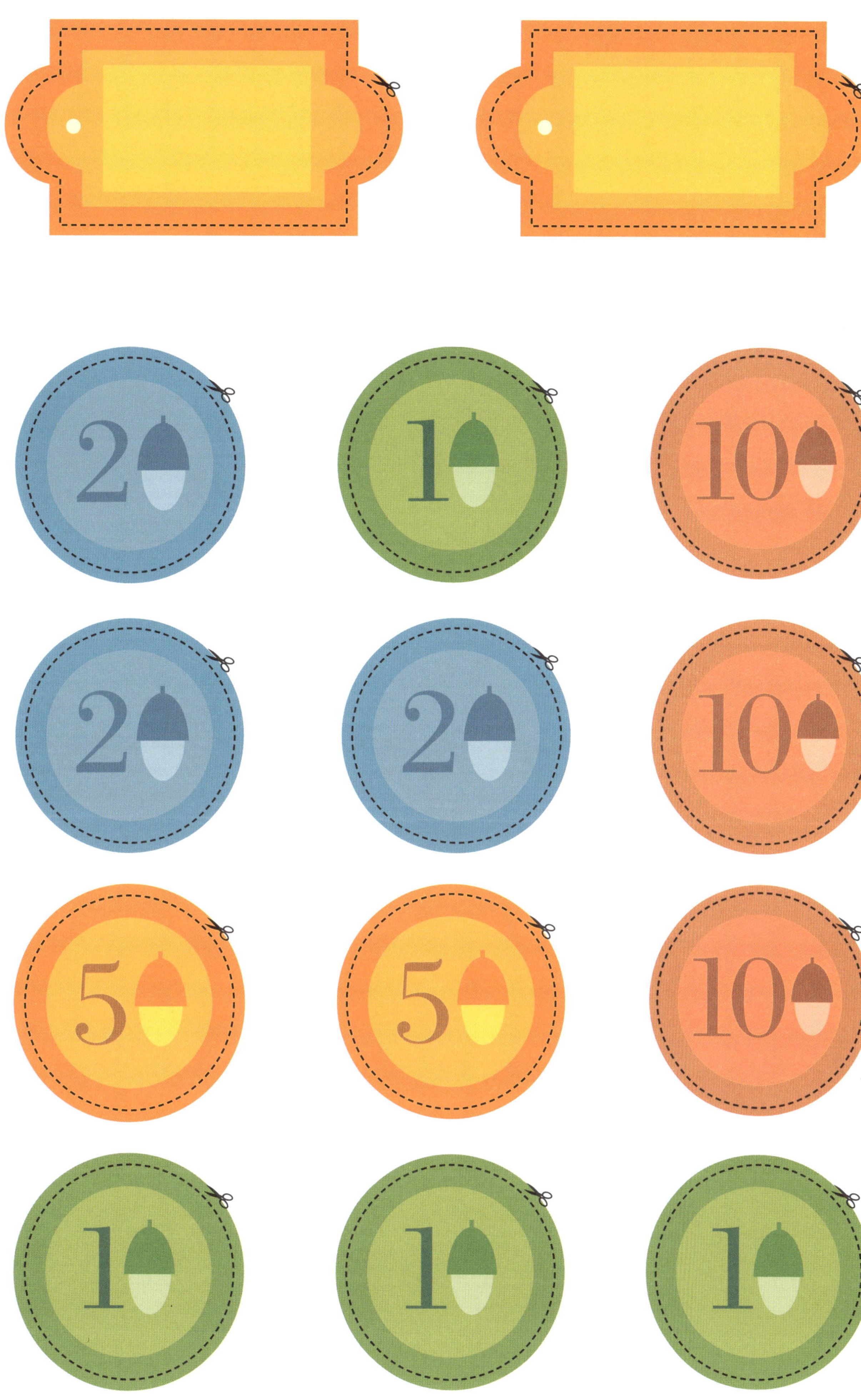

20
10
100
20
20
100
5
5
100
10
10
10

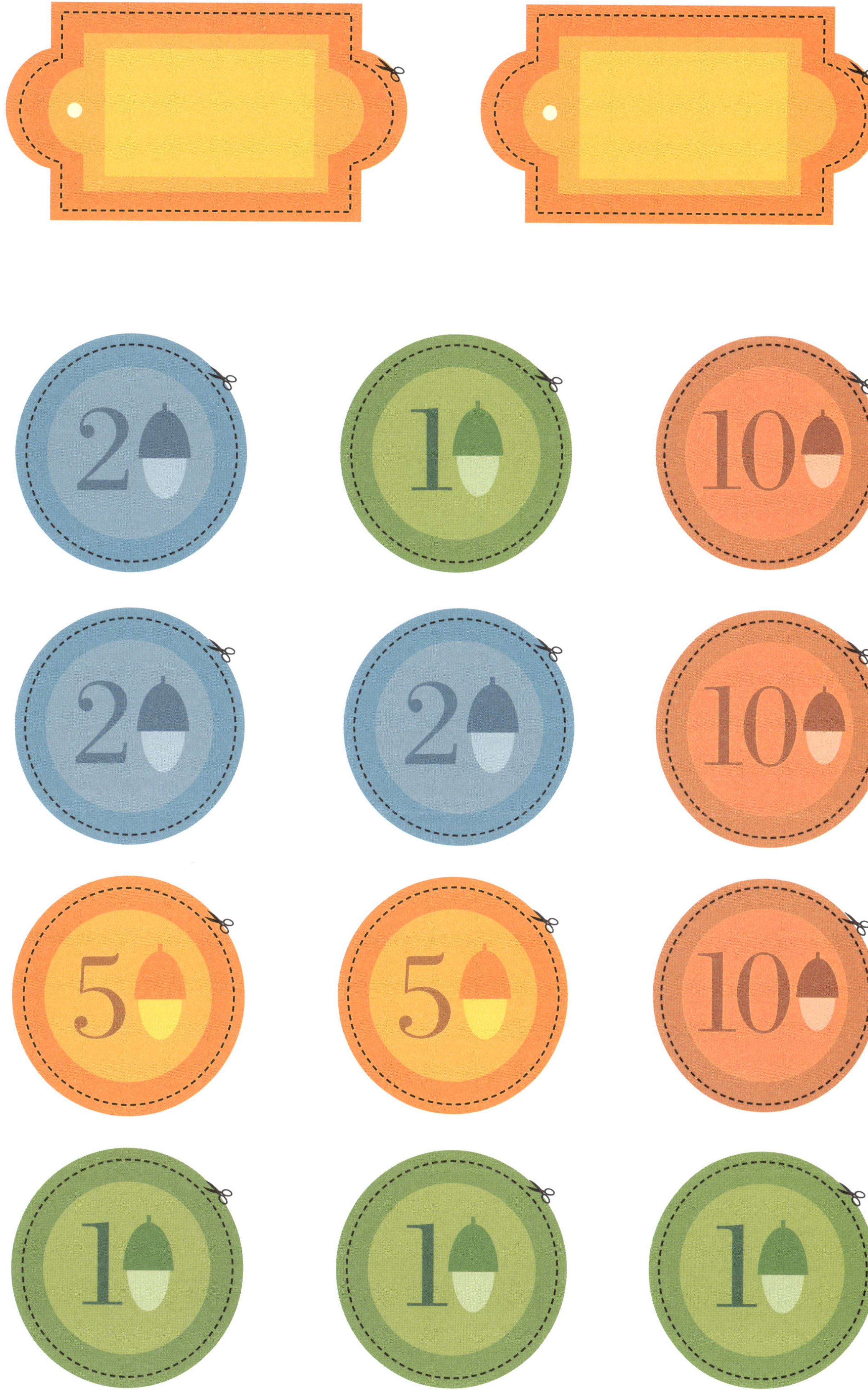

메달

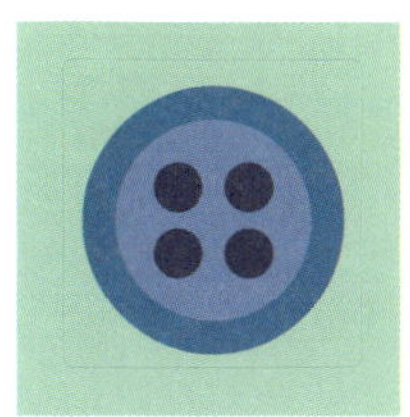

## 30쪽: 물건의 가격표를 찾아 줘!

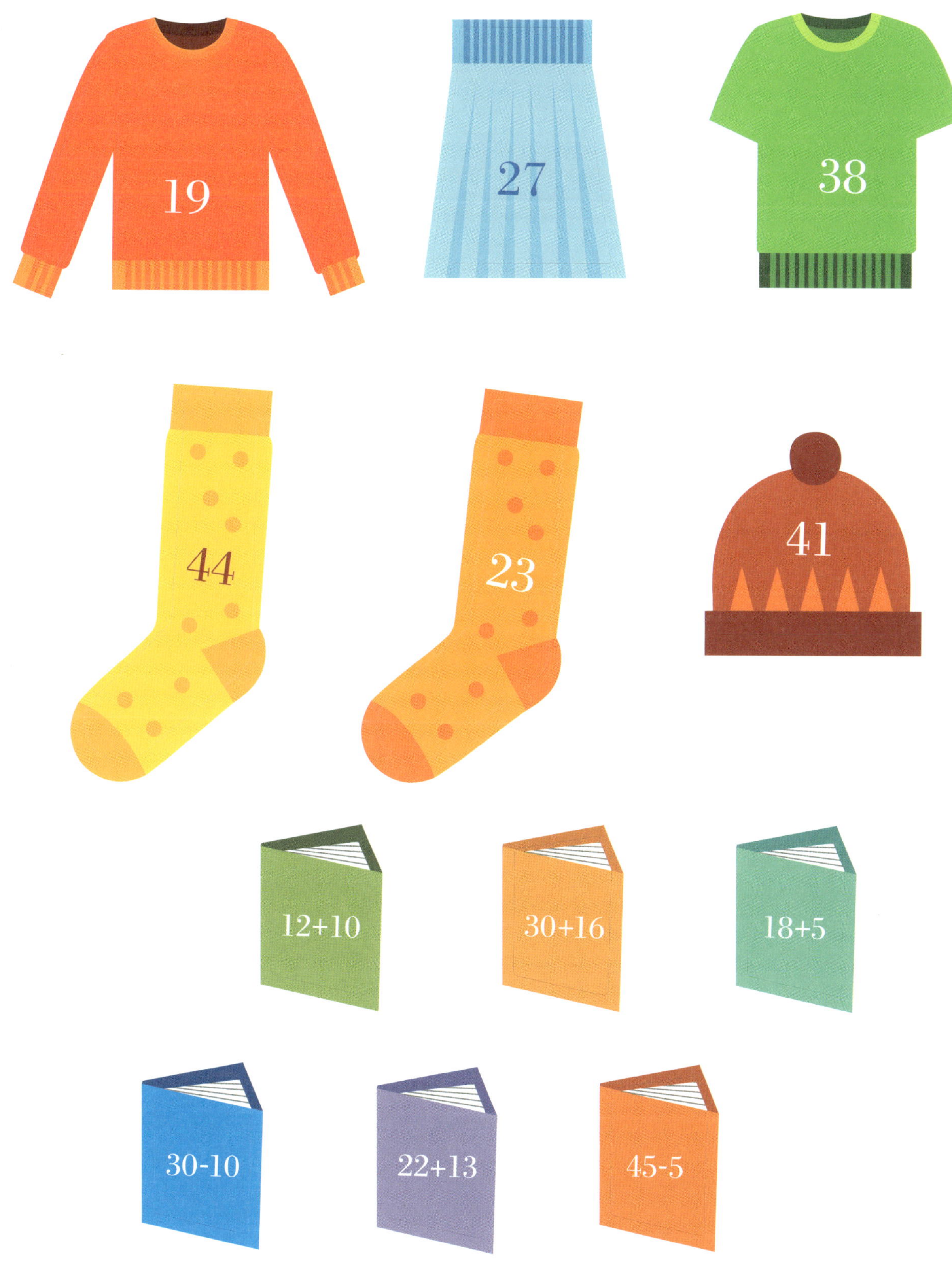